生活因阅读而精彩

生活因阅读而精彩

Hai Zi De Diyiben
Xiangxiangli
Xunlianshu

孩子的第一本
想象力训练书

毛华萍　编著

中国华侨出版社

图书在版编目(CIP)数据

孩子的第一本想象力训练书 / 毛华萍编著. —北京：
中国华侨出版社, 2013.6 （2021.2重印）

ISBN 978-7-5113-3671-2

Ⅰ.①孩… Ⅱ.①毛… Ⅲ.①想象力–能力培养–
青年读物②想象力–能力培养–少年读物 Ⅳ.①B842.4–49

中国版本图书馆 CIP 数据核字(2013)第121779号

孩子的第一本想象力训练书

编　　著 / 毛华萍
责任编辑 / 文　喆
责任校对 / 志　刚
经　　销 / 新华书店
开　　本 / 787 毫米×1092 毫米　1/16　印张/17　字数/210 千字
印　　刷 / 三河市嵩川印刷有限公司
版　　次 / 2013年8月第1版　2021年2月第2次印刷
书　　号 / ISBN 978-7-5113-3671-2
定　　价 / 45.00 元

中国华侨出版社　北京市朝阳区静安里 26 号通成达大厦 3 层　邮编：100028
法律顾问：陈鹰律师事务所
编辑部：(010)64443056　　64443979
发行部：(010)64443051　　传真：(010)64439708
网址：www.oveaschin.com
E-mail：oveaschin@sina.com

前言

　　"想象力比知识更重要，因为知识是有限的，而想象概括着世界上的一切，推动着社会的进步，并且是知识进化的源泉！"

　　这句话，是伟大的科学家爱因斯坦的一句名言。在诸多的历史巨匠身上：爱因斯坦、爱迪生、阿姆斯特朗、斯皮尔伯格、乔布斯……我们都看到了想象力的闪光。而深受孩子们喜爱的童话作家郑渊洁和漫画家蔡志忠，同样凭借着过人的想象力，成就了一番让人敬仰的成绩。

　　想象力是什么？它是一种可以上天入地、跨海越洋的能力，更能让我们展翅高飞。它可以超越时间与空间，不受任何限制：也许此刻，我们正与孔子交谈；下一刻，我们又与亚里士多德攀言。有了想象力，我们才能创造与发明；有了想象力，我们才能看清自身的不足；有了想象力，我们才能爆发出最强大的思维能量。

　　也许，身为成年人的我们，很少再有精力去进行想象力培训与提升的课程。但是请不要忘了，我们的孩子，那些正在迅速成长的男生与女生，却正处于想象力提升的关键时期！

　　对于初涉人世的孩子来说，他们眼中的世界，是那样陌生、新鲜和神秘，他们会用稚嫩的眼睛观察世界，会用看似幼稚的思维来思考。孩子们总是爱问"为什么，是什么"，而这恰恰正是他运用想象力的时刻。他们的想象力就像一块可塑性很强的橡皮泥一样，可以任意调整、延伸扩展自己的思维方式。以此来探索世界，了解知识。

所以，对于那些善于"打破砂锅问到底"的孩子，身为父母的我们就应该保持一份宽容，莫将这份宝贵的想象力扼杀。

当然，单纯的宽容是远远不够的。我们要培养的，是充满想象力的小爱迪生，是充满好奇感的小瓦特，是充满奇思妙想的皮皮鲁！

想要提升孩子的想象力，让想象力转化成优秀的思维能力，甚至成为实现梦想的基础，这绝不是简单的事情。有人以为只有诗人、艺术家、科学家才需要幻想，这是没有理由的，这是一种偏见。现在就和孩子一起翻开本书吧，本书用各种新颖的观点、实用的技巧，给你带来如何迅速提升孩子想象力的独门秘籍。专业化与通俗化，帮助你的孩子迅速提升想象力。

目 录
CONTENTS

目 录
CONTENTS

 第三章

想象力的核心关键词

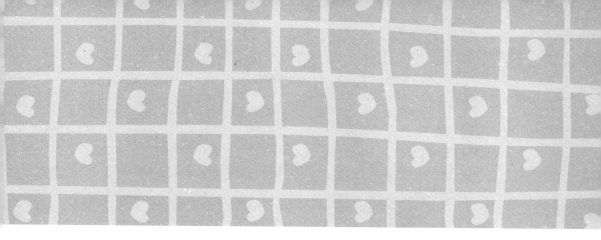

第四章　你是否在不知不觉中扼杀孩子的想象力

第五章　孩子的想象力训练需要你的参与

目录
CONTENTS

第六章

游戏给想象力插上翅膀

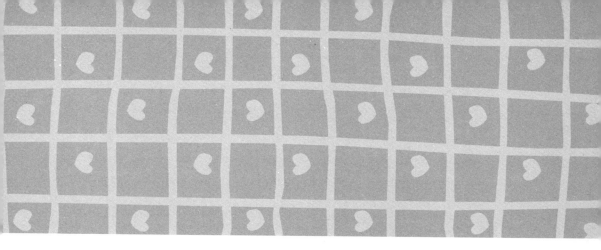

第七章　**鼓励孩子实践自己的幻想**

第一章
孩子的梦想靠什么腾飞

想象力，对于孩子是极其重要的。只有拥有想象力，孩子才能提升思维能力；只有拥有想象力，孩子才会鼓起尝试的勇气。只知道循规蹈矩的孩子，他的未来注定是灰暗的。除此之外，想象力对于孩子的成长帮助，还有很多很多……

给孩子插上腾飞的翅膀——想象力

关键词

创造性想象，想象是本能，想象力＝腾飞的翅膀，鼓励孩子想象

指导

　　世界为何越来越丰富多彩？是因为我们不断在创造！而创造离不开想象力，尤其对于孩子来说，运用想象力来创造生活中的一切，这是他们成功的羽翼、腾飞的翅膀。

　　什么是想象力？就是在你头脑中创造一个念头或思想画面的能力。例如一个小孩，他想到大草原上去玩耍，他就会根据以往听到的、看到的，并加上想象，在头脑中勾勒大草原的画面。孩子天生就具备想象力，这是人的一种本能，并且每时每刻都在自觉或不自觉地运用想象力。孩子的思想在充满想象的世界里驰骋，远比眼睛所看到的世界更辽阔、更精彩！

孩子们丰富的想象力是大人无法想象的，你以为他们骑的是一根木棍吗？不，在他们的想象里，这不是一根木棍，而是一匹神马，骑着这匹神马，他们就要上九天揽月，下五洋捉鳖。

想象力让孩子的生活变得有趣！

为何随着年龄的增长，人们的学习能力不断退化？进步空间越来越小？正是因为创造力在消失，想象力在萎缩。所以，我们要鼓励孩子大胆地去想象、不断地去想象、巧妙地去想象，根据想象去创造，生活中充满想象的孩子一定会变得与众不同，他的明天自然会比缺乏想象力的孩子更灿烂！

想象力，无疑成了助孩子腾飞的翅膀！

想象力就像一把钥匙，打开了孩子们的生活与自然之门。缺乏想象力的孩子只能徘徊在门外，他们的世界必然是狭小的、单调的，而那些充满想象力的孩子则可以尽情享受门里世界的美好与丰富。

想象是一种本能，这是一种自然力量，但每个孩子想象力的丰富程度不同。我们不仅要允许孩子无意识地去想象，还要鼓励孩子有意识地去想象，尤其是有意识地创造性地想象。例如字母"O"，也许有的孩子仅仅认为它还可以是数字"0"，但有的孩子却可以把它想象成太阳，足球、鸟蛋等等一切圆形的东西，谁的想象力更丰富，谁的世界就更精彩。

任何一个问题，不要期待孩子给你意料之中的答案，不要愕然孩子无厘头的想法，要鼓励孩子们生活中的奇思妙想，甚至是标新立异，哪怕是极其荒唐的想法，因为，想象力就是孩子腾飞的翅膀，而鼓励孩子去想象，就是为孩子插上了腾飞的翅膀！让孩子鼓起他们想象的翅膀，尽情地飞翔……

案例

宽宽骑着一个扫把，眼睛上戴着一副太阳镜，边跑边说："我是哈利波特。"

有时，他拿着一根棍子，在房间里挥来舞去，嘴里念念有词："孙悟空来了……"

父母从不干涉他的这些举动，甚至鼓励他的这种行为："模仿是想象的开始，大胆去模仿，大胆去想象，充满想象的世界才会更有意思。"

在父母的培养和鼓励下，宽宽的头脑里有一个丰富有趣的世界，他画的画总是天马行空，很少照着实物来描绘，他的用色更是出人意料，他把小河画成粉色的，树叶画成黄色的，天空画成红色的。

别人说宽宽："河流怎么可能是粉红色的呢？"

宽宽问妈妈："河流不可以是粉红色吗？"

妈妈说："当然可以，你想象中的河流是什么颜色，它就是什么颜色。"

是的，世界就在宽宽的想象之中，宽宽的世界一如他的名字那样宽广，无边无际，不受限制和约束。父母这样做就是要为宽宽插上一双想象的翅膀，带着这双想象的翅膀，宽宽自由自在地飞翔。

技巧

为孩子插上想象的翅膀，绝对不是一句口号，而是要落在实处，宽宽父母的做法值得称赞。孩子的想象有时是那么的"没谱"，不符合现实，但请不要因此否定孩子的想象，不管他们想象出什么，"想象无罪，想象无错"。只有这样，才是真正为孩子插上了想象的翅膀。

1. 鼓励孩子充满想象力的语言。

为孩子插上想象的翅膀，就是要鼓励孩子大胆地想象，大胆地表达他的想象，如果孩子的想象仅仅停留在想象，不说也不做，想象并没有太大的意义。当孩子表达出他的想象："他的眼睫毛真长，像毛驴的眼睫毛一样长。"也许这个想象不是那么优美，但也应该鼓励孩子大胆说出这种充满想象力的语言。

2. 支持孩子充满想象力的行为。

孩子的很多行为也充满了想象力，例如孩子画了一幅"四不像"的画，COSPLAY 了一个怪异的装扮，做了一个未完工的手工，也许孩子的这些行为是那么的幼稚、荒唐、可笑，也要支持孩子的这些充满想象力的行为，因为这些看似离谱的想象，正在变成助孩子腾飞的双翼，助他越飞越高。

想象力是天才成长之路

关键词

大胆想象，小心求证，天才与庸才，想象力是天才催化剂

指导

　　一个苹果从树上掉下来，砸到了一个小男孩的脑袋，这个小男孩开始发挥他的想象力："咦！苹果为什么不往天上掉？难道是地球的引力在吸引着它？"顺着这条思路去联想、实验和求证，他发现了地心引力。这个小男孩就是牛顿。

　　如果这个苹果砸到的是另外一个小孩，会是什么样的情况呢？也许他只是摸摸后脑勺，诅咒这个该死的苹果把他的脑袋砸的生疼，然后把苹果吃了。他不会因苹果产生任何的联想，当然他长大也不大可能成为科学家。

想象力把牛顿和普通的小男孩区别开来，同样，想象力也把天才和庸才区别开来。

在天才儿童的头脑中，世界是什么样的呢？那是一片令人愉快的原野，像天堂那样令人愉快，像碧谷那样肥沃，四季常青，能够创造出娇艳无比的花朵——这当然是一种想象。艺术家通过想象力创造文学形象，没有想象力，艺术家不可能创作出伟大的作品。

孩子们喜欢的安徒生童话《海的女儿》，"小人鱼"的造型就是安徒生通过想象创造出来的。安徒生又通过对人和物的想象，巧妙地把人性与物性结合在一起，塑造了"小人鱼"这一美丽动人的艺术形象。可以说，没有想象力，安徒生成不了我们今天所熟知的安徒生。

艺术家需要想象力，同样，科学家也需要想象力。科学家通过想象力大胆设想，小心求证，创造出伟大的发现和发明。对于这一点列宁曾说过："有人认为，只有诗人才需要幻想，这是没有理由的，这是愚蠢的偏见！甚至在数学上也是需要幻想的，没有它就不可能发现微积分。"

由此可见，想象力创造了人类文明，推动了人类的进步，也成就了一个又一个天才。

所以说，天才不是天生的，想象力是天才成长之路！

想象力成就了众多天才：马可尼发明了无线电，使得航行在惊涛骇浪中的船只可以在危险时利用无线电求救；莫尔斯发明了电报，使世界各地消息的传递变得非常便利；斯蒂芬孙发明了火车机车，使人类的运输能力得以空前的提高；罗杰斯发明了飞机，实现了人类长久以来想飞越欧洲大陆的梦想……这一切在未发明之前，皆被人嘲笑为空想，可是，这些科学家们不怕他人的嘲笑，敢于大胆想象并去实现梦想，所以，才有了这众多载于人类文明史册上的名字。

这再一次证明:只有敢于想象才有成功的可能,想象力是天才成长之路。

德国化学家凯库勒这样回忆自己工作的过程:"我闭上眼睛,进入半睡眠状态。原子在我眼前飞动,长长的队伍,变化多姿……"在想象的引导下,凯库勒发现了苯分子的环形结构式。意大利画家拉斐尔被问到"为什么会画出如此美妙的作品?"时,这样回答:"我做了许多梦,然后围绕着我的梦去作画。"

想象力是创造的前提,想象力是天才成长的催化剂,任何一个孩子都具备天才的基因,只要拥有想象力,只要为他插上想象的翅膀,一个天才之星就会冉冉升起。

案例

在美国,有这样一位充满想象力的天才。

在他所在的城市中,许多适合开发的土地都已被开发成建筑用地,只有两块地被人们遗弃:一块是陡峭的山地,另外一块地势太低,每次雨水降临时,总会被淹。

但这个年轻人极富想象力,他的想象力来自于他对生活敏锐的观察力。他用极低的价格收购了这两块被人遗弃的土地,别人都嘲笑他,说这两块土地毫无用处,但他已经想象出了如何开发这两块土地,甚至已经看到了这两块土地的价值。

他先用了几吨炸药,把陡峭的山地炸成松土,再用推土机把泥土推平,原来的山坡地就成了很漂亮的建筑用地。然后,他把这块山地上多余的泥土运到那块低洼地上,使这块土地下雨时再也不会被淹。这样,这两块土地都变成了漂亮的建筑用地。

这时，很多人看中了他这两块土地，他转手一卖，赚了一大笔钱。

他被人称为天才，这位天才不过是把一个地方不需要的泥土，运到另一个需要的地方而已，可是，这种方法别人却没有想到，只因为他有常人所没有的想象力，所以他被人称为天才，他真的是一位富有想象力的天才。

技巧

想象力成就天才，这些天才可能是艺术家，也可能是科学家，也可能是生活中的每一个人，只要善于运用想象力，每一个人都有可能成为天才。孩子若从小具备了想象力，成为天才的可能性就更大。

那么，如何才能让孩子具备天才的基因呢？那就要从小培养他的想象力。

1. 鼓励孩子坚持自己的想象。

许多伟大的想象在未得到大多数人的肯定或未变为现实时，都曾受到他人的嘲笑，被他人讥讽为空想、白日做梦，有许多人的想象就这样被人打压甚至扼杀了，只有那些敢于坚持自己想象的人才成了天才。

因此，如果你的孩子是个充满想象力的孩子，要鼓励他坚持自己的想象，要告诉他："想象无所谓对错，想象本来就和做梦差不多，敢于做梦，才有可能将梦想变为现实。"坚持自己的想象，这是实现梦想、成为天才的第一步。

2. 做宽容、民主的父母。

许多天才的背后，都站着他们宽容的父母，他们对孩子的异想天开、特立独行，甚至一些被常人以为是疯狂荒唐的举动，都能以平静、温和的态度对待，正是他们这种宽容的态度，成就了孩子的梦想，造就了天才的诞生。所以，天才的诞生不仅需要想象力的推动，更需要宽容、民主的父母的包容。

当孩子的作文中出现一些"胡言乱语"时，不要轻率地指责他们用词不当；当孩子拆卸了家里的东西，想重新"研制"一台新机器时，不要打骂孩子是败家子。这些行为都是他们想象力的衍生物，也正是一个天才的必经之路。

让孩子的好奇心去推动他的想象力

关键词

疑问，联想，发现问题，解决问题

指导

　　谁没有好奇心？人天生就有好奇心。对于孩子来说，他们未知的领域太多，他们感兴趣的事情太多，他们想一探究竟的事情太多，所以他们的好奇心无法遏制。好奇是孩子们想接触一件事物的第一步，也是引起想象的第一步。当代著名物理学家李政道博士说："好奇心很重要，要搞科学离不开好奇。只有好奇才能提出问题、解决问题。可怕的是提不出问题，迈不出第一步。"

　　是的，如果牛顿对树上掉下来的苹果没有感到好奇，他便不会有"为什么苹果没有往天上掉，而是往地上掉"的想象，也就不会有"地心引力"理论的产生。

因此，好奇心与想象力是一对不可分割的兄弟，好奇心推动孩子们去发挥他的想象力。好奇心与想象力的关系，就如水和电的关系一样，没有水就发不成电，没有对这个世界探索的好奇心，就没有对这个世界的想象力。有一句美国谚语是这么说的——好奇心可以杀死一只猫！可见好奇心的巨大力量。

好奇心促使孩子们去发现问题，产生疑问和联想，进而去创造。发现问题的过程，好奇心起主导作用；解决问题的过程，想象力在起主导作用。有了好奇心做动力，想象力做工具，孩子们的创造力自然而然也就产生了。

许多取得巨大人生成就的人，都是在被强烈的好奇心推动着，去想象、去实践。

地质学家李四光，在孩童时期就对一些奇形怪状的石头感到很好奇，因此产生了很多疑问："为什么这些大石头会孤零零地出现在这里？它们是怎么来到这里的。"为了证明自己的猜想，李四光走遍了全国的山川河流，做了大量的考察研究，终于断定这些石头是第四纪冰川的遗迹，纠正了国外学者断定中国没有第四纪冰川的错误理论。

天文学家哥白尼，在初中时无意间听说可以利用一种叫日晷的仪器，用太阳的影子来确定时间，他感到很好奇，就向老师询问日晷的原理。回家后，哥白尼根据原理做了一个简易的"日晷"。他的好奇心并没有就此停止，他利用自己做出来的日晷，研究太阳和地球的运行规律，提出了著名的"日心说"，推翻了"地心说"的错误说法。

强烈的好奇心和想象力是众多杰出人物的共同特点。

法国著名作家法朗士说："好奇心造就科学家和诗人。"

大科学家爱因斯坦说："我没有特别的天赋，我只有强烈的好奇心。"

法国作家巴尔扎克说："打开一切科学之门的钥匙都毫无异议的是好奇心。"

这些伟大人物被强烈的好奇心驱动着一步步登上事业的高峰。

因为好奇，才会思考；因为思考，才会想象；因为想象，才会去实践和创造。

所以，对于孩子们来说，保持一双好奇的眼睛，保持一颗好奇的心，显得尤为重要。

但中国的孩子却缺乏好奇心和想象力，听话教育和标准答案束缚了孩子们的思想，对孩子不断的指正批评遏制了他们的好奇心，繁重的功课使他们无暇发展想象力，孩子们的好奇心和想象力在每一天的学习中逐渐遭到泯灭。

只有给孩子足够的时间和空间，才可以充分调动他们的好奇心和想象力。

案例

小健的父母文化程度不高，对如何教育孩子并没有太多的方法，于是他们采取了"散养"的方式来教育小健。

小健不喜欢去幼儿园，父母就任由他在家里玩耍，小健每天都是在玩积木和涂鸦中度过的。每天下班回家，小健的父母都要好好欣赏小健的"作品"：他搭的积木，他"设计"的新车。

小健不仅喜欢组装玩具，还喜欢拆卸家里的电器。他很好奇家里的那些会响的、会动的东西是怎么回事？于是，爸爸的电脑被他拆了，妈妈的手机被他卸了，他拿着那些拆卸的零件琢磨来琢磨去，但却装不回去了。父母看着被他鼓捣坏的电器无可奈何，还开玩笑地说："如果爸爸妈妈也能拆，恐怕你也要把我们拆了吧？"

上学以后，小健的父母并没有死盯着他的学习成绩，而是让他在保证学习成绩中等的情况下，发展他的业余爱好，于是小健继续玩他的汽车，同时又玩起了音乐。

小健的好奇心也丰富了他的想象力，他回答问题从来不人云亦云，总是出人意料，他的作文也总是那样别出心裁，他的思想和行为方式也从来不落窠臼，而是显得比同龄人成熟和富有见地。

正是在父母这样的教育方式下，小健居然歪打正着考上了美国的大学，美国的同学们个个极富好奇心和想象力，小健在这方面居然一点不落后。父母庆幸，宽松的教育方式保护了小健的好奇心和想象力。

技巧

小健的父母从来就没有限制、打击小健的好奇心，而是用宽容、民主的方法保护小健的好奇心，鼓励小健因好奇而想象，并去验证他的想象，所以小健才有了灵活的思维方式、丰富的想象力，这对于小健的一生都有着积极的影响。

那么父母具体该如何保护孩子的好奇心和想象力呢？

1.不要制止孩子去研究那些奇怪的东西。

一朵不起眼的小花，一张花花绿绿的糖纸，一根鲜艳的绳子，一块小石头，甚至是一条看起来脏脏的小虫，一个螺丝帽，都能引起孩子强烈的兴趣，他们会蹲在那里看很久，甚至拿在手里把玩，父母们千万不要去制止孩子："脏死了，不要摸。"或者："有什么好看的，快走吧。"

殊不知，这样脱口而出的一句话就把孩子的好奇心给扼杀了，扼杀了孩子的好奇心，也就剥夺了孩子的想象。所以，让孩子去研究他们感兴趣的东西吧，保护孩子的好奇心和想象力比什么都重要。

2.和孩子一起去探讨好奇的事物和问题。

对于孩子感到好奇的事物和问题，父母不仅不要制止，还要积极主动地参与其中。例如和孩子一起查阅词典、电脑，和孩子一起寻找答案，或者给他们提供条件，让他们去体验和学习，自主探索。带他们到花丛中，看看蜜蜂是如何采蜜的；带他们观察天空，看看究竟是电的速度快还是声音的速度快。

孩子的好奇心非常强大，也非常脆弱，正需要父母这样去保护和推动，进而去开发他们的想象力。

灵感来自哪里？想象力！

关键词

幻想，思考，灵感，创新。

指导

　　凡尔纳在他的作品《海底两万里》里，描写了这样一个奇幻的世界：海底森林、墓地、珊瑚谷、巨型章鱼……充满魅力的海底世界吸引了众多的读者，尤其是儿童读者。凡尔纳写作的灵感来自哪里？他书中描述的潜水艇、探照灯等很多现代人众所周知的物件在当时并不存在，他是如何描述出来的？想象力！凡尔纳的灵感来自他超凡的想象力！

　　没有想象力，孩子笔下的画只能更像，而不是更好；没有想象力，孩子的文章只能像白开水毫无味道，有了想象力，孩子才思敏捷，灵感如泉水汩汩而来。灵感来自于想象，想象力是人类的一切思考和创新的源泉。

有了想象力，孩子才会有思维的火花，才可能有与众不同的点子，才可能有灵感的闪现。孩子思维活跃，没有条条框框的约束，个个都是极具想象力的天才，无数奇思妙想带来的灵感火花让大人惊叹。

如果你问孩子们一个问题："花儿为什么会开放?"孩子们会有无数个令你意想不到的答案：

"花儿睡醒了，想出来看看太阳。"

"花儿想和小朋友比一比，看看谁的衣服漂亮。"

"太阳出来了，花儿想伸个懒腰，结果把花朵给撑开了。"

……

这些答案和大人们心中的答案"因为天气暖和了"大相径庭，可是孩子们的答案多么丰富有趣，这些充满想象力的回答激发了孩子创造世界的灵感和对生活的热爱。

在想象力的作用下，孩子的脑中会不断闪现出灵感，手中的模型千变万化，作文中优美的词句不断涌现，他们不仅仅会"素描"这个世界，还会比喻、夸张、渲染这个世界，就连这个世界没有的颜色他们也能画出来。

达尔文就是这样想象他的世界的：

他捡到一块形状很特别的石头，就一本正经地对别人说："看，这是一块价值连城的宝石。"他捡到一枚硬币，就神秘地对小朋友说："这是一枚古罗马钱币。"

大家都说，这不过是一块普通的石头和普通的硬币罢了，但达尔文却说："在我的想象中，它们就是我说的那样。"

他的父亲也很支持他不着边际的想象："说不定哪一天，他这种丰富的想象会激发他的灵感，成就他的事业!"

果然，达尔文靠着这种非凡的想象力激发的灵感，通过不断地探索，终于创立了生物进化论。

为什么想象力能激发人的灵感？因为丰富的想象力是一种创造性思维，它是打破原有的旧的思维习惯，建立一种新的联想思维的能力，具有变通性、灵活性，能使自己的各种思想之间碰撞出火花，于是灵感也就出现了。

因此，当孩子有意无意幻想时，请不要打断他、干涉他，因为他正在等待灵感的出现，随之而来的会是你意想不到的一种创新。

案例

小薇六年级了，她的作文总被老师当作范文在班里朗读，老师夸她的作文："文辞优美，语言生动，充满了想象力！"

同学们都问她："你写作的灵感来自哪里呢？"

小薇说："灵感就来自我的想象力呀，见过的事物我能够用充满魅力的语言把它描述出来，没见过的事物我也能通过想象把它描述出来。"

老师也这么告诉大家："想象力是创作的源泉，多观察生活，多储存知识和材料，才能有丰富的想象力，也才能在写作中涌现出灵感。"

小薇爱读书，图画书、漫画书、童话书、甚至是少年作家的小说她都在读，读的多了，头脑中储存的材料就多了，在写文章时就很容易建立起联想，也很容易激发出灵感。爸爸妈妈也知道这其中的关系，所以很支持小薇读书，他们觉得一个想象力丰富的孩子学习也会更好。

技巧

小薇写作的灵感来自于她的想象力。我们都有过这种经历，灵感很难出现，出现了又很难抓住，在写作时总是感到才思枯竭，这正是因为缺少想象力。当想象足够丰富，才会滋生灵感的火花。

父母要从以下几个方面来培养孩子的想象力，激发孩子的灵感。

1. 让孩子多观察生活。

只有让孩子多观察生活，孩子才能展开他们的想象力，无论是写作还是画画或是制作手工，都能找到灵感。所以空闲时多带孩子逛逛公园，看看动物的形态，植物的形状，大千世界的变化，看的多了，脑袋里才有东西，才可能有想象力和灵感。

2. 发展自己的业余爱好。

鼓励孩子有一个或者多个自己的爱好，无论是画画，还是玩积木、看书，甚至是玩游戏都可以，孩子有自己的爱好，他们的精神世界才会丰富和充实，他们才能更感性，才有可能激发出想象力和灵感。

想象力，打开智慧的钥匙

关键词

无意识想象，有意识想象，探索，智慧。

指导

如果问："谁不会想象？"恐怕没有人会举手。

如果问："谁认为自己非常有想象力？"恐怕没有人敢给予肯定的回答。

谁都会想象，但不代表谁都有想象力。

因为想象分无意识地想象和有意识的想象，无意识的想象是不自觉的，没有目的的，不需要付出努力的一种想象，当然也不可能对事物发生改变和创新，这种想象对一个孩子的智力发展影响不大。

而有意识的想象是自觉的，有目的的，孩子愿意为这种想象付出努力，去实践、去尝试、去创新，所以，它开启了孩子的头脑，直接促进了孩子智力的发展，改变了孩子的生活。

因此，想象力能够促进孩子智力的发展，想象力就像打开孩子智慧的一把钥匙。

想象不是凭空产生的，它需要诱因——外界条件的刺激，需要条件——头脑中存储的材料，它是一个动态的过程——在外界条件的刺激下，利用头脑中存储的材料，对看到的表象进行加工和改造，从而形成和创造新的形象。

能完成一个这样的想象过程，头脑就犹如运转了一遍的机器一样。而养成了想象的习惯，尤其是有意识的想象习惯，头脑就经常性地运转，这对头脑的开发、智力的提高无疑是非常良好的促进过程。

当孩子看到一篇优美的文章时，头脑中就会出现一幅美丽的画面，每个孩子头脑中的画面不尽相同，这是因为：每个人存储在头脑中的材料不同，他们由此加工和创造出的新形象就不同。经常进行想象的孩子，会有意无意地增添头脑中的材料，这样他们才能更容易地创造出新形象，长期下来，他们的智力当然要比那些不爱想象的孩子高得多。

经常想象的孩子，自然不愿意只停留在想象的阶段，他们会去验证和实现自己的想象，将想法和实践相结合，所以他们的动手能力、实践能力也会较高。想象力使孩子的智力和能力都得到了提高。

孩子们智慧的形成和他们的好奇心、想象力、思考能力不无关系，想象力是孩子开启智慧之门的钥匙。

为什么成人的智力提高的非常缓慢，甚至不再增加，就是因为成人对这个世界上的一切太习以为常，不再好奇，不再有孩提时代的那种敏锐感觉，从而失去了想象力和创造力，所以，智慧之神也不再眷顾他们。

太多的创造发明，源于好奇，始于想象，因为有了好奇，就有了兴趣，接着就有了想象和探索，结果就会获得事情的真相，这就是智慧。

案例

源源很聪明，凡接触过他的人都说他智力超群。的确，源源不仅智商很高，情商也很高；不仅学习成绩好，还有自己独立的思维，对这个世界、这个社会他都能表达自己独特的看法。

源源因何智商这么高？正是因为他听的多、看的多、接触的多，所以知识面宽广，思维灵活，因此想象力也非常丰富。他说起话来从来不人云亦云、因袭别人的观点；他写的作文总是能另辟蹊径，对人事物有自己的解读；他玩起魔方、创作起手工来总是能又快又好；就连他玩起来也比别人更有创意。

源源为什么能够这样优秀？就是因为他对任何事情都有想象、加工、创造的习惯，他的大脑就是一部灵活的机器，经常运转，自然就聪明。

源源之所以能这样，得益于他的父母，他的父母懂得，想象力是打开智慧的钥匙，所以，从小就给他创造了一个能够自由发挥想象力的环境。源源就在这个自由的空间里，鼓起想象的翅膀，自由地飞翔。

技巧

源源的高智商毫无疑问来自于他丰富的想象力，想象力是打开智慧的钥匙无须再质疑。所以，让孩子去想象，给他创造良好的想象空间和氛围，支持他的任何一种充满想象力的行为，你的孩子也可以像源源那样拥有一个高智商的大脑。

1.让孩子养成想象的好习惯。

想象力虽然能提高孩子的智商，但偶尔的一次两次的想象，对智商的提升并没有立竿见影的效果，所以，要让孩子经常去想象，养成想象的好习惯。

当孩子在学习时，让他学着在知识间建立联系，这是一种想象；当孩子在讨论问题、写作文时，让他尝试用自己的理解去表达，这也是一种想象；当孩子在玩耍和游戏时，想一些有创意的、好玩有趣的点子，这都是一种想象。

当孩子每时每刻都在想象，他的智商要想不提高也很难！

2.让孩子过一种充满想象和创意的生活。

想象离不开空间、离不开氛围、离不开环境，当孩子在一个充满想象的环境中生活时，很难没有想象力。创意的生活包括充满想象力的父母，充满想象的家庭布置，多接触充满想象力的艺术作品、丰富多彩的日常生活等等，当孩子在这样一种充满想象的大环境里生活，想象力一定会异常丰富，他的智商也一定会突飞猛进。

一句 "为什么?"
轻松开启孩子的探索之门

关键词

无意识想象，有意识想象，探索，智慧。

指导

有一本书叫《十万个为什么》，为什么会有这本书？因为孩子对这个世界有太多的疑问，他们小小的脑袋里装着太多的 "为什么"。

"为什么天空是蓝色的?"

"为什么人不能像鸟儿那样飞翔?"

"为什么雨后的天空会有彩虹?"

每一个孩子的脑袋里都有 "十万个为什么"。让我们善待这些爱提问题的孩子们，因为"为什么"之后，孩子就会产生联想，就会寻找答案，就会想去探索，所以说，"为什么"打开了孩子的探索之门。

伟大的发明家爱迪生从小就特别爱问"为什么"，他的问题在老师和同学看来是那么的愚不可及："老师，2加2为什么等于4?"老师被问得张口结舌，难以回答。还有一次，爱迪生有了惊人的发现，他不解地问妈妈："为什么母鸡要坐在鸡蛋上?"

爱问"为什么"的孩子，他们的心灵是开启的，他们对这个世界充满好奇的想象，这个世界让他们感到陌生、新鲜和神秘，他们想要去探索、求知，所以，爱问"为什么"的孩子是可贵的，是喜欢动脑的，得到答案之后，他们是兴奋和快乐的，这种兴奋和快乐又促使他们去探索更多的"为什么"。

"为什么"不仅是一个又一个的问题，它还是孩子人生路上的铺路石，孩子们踩着它去发现、去探索、去创新，最终走向成功。孩子若在幼年时期养成了探索精神，就拓展了他人生的宽度和深度。

古代历史学家司马光小时候就喜欢问"为什么"。有一次，父亲提到了司马迁，他问父亲："司马迁是谁？他是哪个朝代的？他是很厉害的人物吗?"父亲看他如此有兴趣，就给他讲了许多司马迁的故事和许多历史知识，由此司马光开始了对历史的探索，最终成为了一位历史学家。

孩子在问"为什么"的时候，心中也许有自己想象中的答案，这个答案可能是错误的，或荒唐的，孩子寻找答案就是去验证自己的想象是否正确。"为什么"总是和想象力结伴同行，不爱问"为什么"的孩子，也不爱开动脑子去想象，更不会因要寻找答案去探索。因此，"为什么"丰富了孩子的想象力，打开了孩子的探索之门。

案例

天天 6 岁，和大多数的小朋友一样，他的头脑中藏着太多的为什么。他问爸爸："爸爸，为什么电视里会有人，人还能发出声音？"

爸爸总是启发天天发挥他的想象力："你说为什么呢？"

"嗯……因为电视里还有另外一个世界，那里面也有很多人在快乐地生活。"

"天天真棒！你回答的对极了！"

天天又问妈妈："妈妈，为什么你的样子会出现在照片上？"

"哦，因为照相机把妈妈的样子照了下来，所以就出现在了照片上。"

"哦，为什么照相机能把妈妈的样子照下来呢？"天天继续问。

"因为照相机具备这种功能啊。"妈妈也不知道该怎么回答了。

"为什么照相机具备这种功能呢？"天天打破砂锅问到底。

"这个……妈妈也不知道，要不咱们一起到网上看看，这是什么原理，好不好？"

"好！"

天天就是这样一个爱问"为什么"的孩子，他的"为什么"经常让爸爸妈妈无法回答，无奈，只有和他一起请教书本。爸爸妈妈总是启发他自己去回答他的"为什么"，然后让他自己或者和他一起去探索、去验证自己的答案是否正确。在这样的训练下，天天的想象力越来越丰富，探索意识越来越强烈。俨然成了一个小小"探索家"。

技巧

孩子总是有那么多的"为什么"，听起来是那么的幼稚，回答起来也不是那么容易，久了总让父母有些不胜其烦，请父母有些耐心，认真对待孩子的"为什么"，因为这正是锻炼孩子的想象力，培养孩子探索意识的时候。

父母如果可以这样对待孩子的"为什么"，一定可以更好地培养孩子的想象力。

1.让孩子自问自答他的"为什么"

孩子喜欢问"为什么"，但父母们不一定要给他答案，而是应当让孩子自己去回答他的问题，哪怕他的答案是错误的。孩子回答问题的时候，就会调动他们头脑中的经验，展开他们的想象力。例如孩子会问："为什么天空是蓝色的？"让孩子自己去回答："是海洋洗蓝了天空。"这样极富创意的回答，父母一定要给予肯定和鼓励。孩子的想象力在父母的鼓励下会越来越丰富。

2.和孩子一起去探索。

孩子问了"为什么"接着就想要去探索答案。可以让孩子自己去寻找答案，也可以陪着孩子一起去探索，这种行为本身就是对孩子探索精神的一种鼓励。例如孩子问："为什么雨后的天空会有彩虹？"父母可以和孩子一起去查书本或电脑，帮孩子弄清楚这种自然现象的原因，孩子从中学到了知识，同时这种美丽的自然现象也可以激发孩子的想象力。

培养孩子丰富的想象力

关键词

培养想象力，丰富知识，知识的奴隶，创造活动。

指导

想象力究竟有多重要？爱因斯坦说过："想象力比知识更重要！因为想象力推动着社会的进步，并且是知识进化的源泉。"

这位天才科学家在少年时代想象力就非常丰富，他曾幻想："如果人追上光速，将会看到什么现象？"在这个幻想的推动下，爱因斯坦发明了相对论。爱因斯坦对人类的科学贡献，很大程度上应归功于想象力给他的激励。

所以，我们不能忽视对孩子想象力的培养。想象力是人类所特有的高级认识过程，孩子有没有想象力，想象力丰富不丰富，对他的学习、生活乃至整个人生都有重要的影响。我们一定看到过生活中有这样的人，他们虽然知识丰富，但思想呆板，观念陈旧，做事没有创造力，他们就像是知识的奴隶，无法灵活地运用知识为自己服务，其原因就是缺乏想象力，不能利用自己已有的知识去想象、去创新。

想象力能开启孩子的智力，是孩子腾飞的翅膀，是人才必备的能力之一。想象力作为一种能力，需常用才能进步，不用则迟钝。同样，想象力需从小就培养。孩子的头脑就像一块肥沃的土地，需从小就种下想象力的种子，想象的能力越来越强大，孩子头脑中的思维就会越来越活跃，他们的学习能力、创新能力才会不断提高。

孩子的头脑天生就有"想"的功能，但后天若没有有意识地培养、锻炼和强化，这个功能就会退化，思维就会迟钝，智力发展就会缓慢，孩子的成才、成功也就无从谈起。

因此，父母要有意识地培养孩子的想象力，在生活中、学习中的方方面面、点点滴滴去培养孩子的想象力，让孩子的想象力丰富起来，为他们的人生铺就一条更轻松的路。

案例

一个小孩和他的父母一起去旅行，他们走到一个偏僻的山区，身上带的水喝光了，口渴难耐，小孩和他的父母都很难受。

小孩说："这时谁要是给我一瓶矿泉水，我愿意出一百块钱。"

小孩的父母说："还是实际一点吧，看看附近有没有卖水的或者有没有人家。"但直到精疲力竭，他们仍然没有找到水喝。

小孩有点绝望了，爸爸这时却做起诗来："要是我们正置身于一片绿地该多好呀！山泉叮咚，溪流静淌，阳光也柔柔地照着大地，把树叶上的露珠折射成一颗颗晶莹剔透的珍珠……"

树叶上的露珠?! 小孩突然想起了什么，急忙向一棵树奔去。果然，树叶上还残留着一些未完全蒸发掉的露珠的痕迹。树林里没有污染，露珠非常干净，"我们有水喝了！"小孩欢呼起来。

小孩和他的父母靠着啜饮树叶上刚凝结还来不及蒸发掉的露珠，走出了山区，小孩兴奋地对爸爸说："爸爸，是你极富想象力的诗歌帮助了我们。"

技巧

故事中小孩的父亲很有想象力，在那样的情况下还做了一首富有想象力的诗歌，他的儿子也很富有想象力，立刻从爸爸的诗歌中得到了启示，找到了水源。不能不说，这和父母的培养不无关系，父亲带他去旅行，接触大自然，正是培养他想象力的一种方式；父亲在那样的情况下做诗，正是在有意识地启发孩子的想象力。

其实，父母培养孩子的想象力，就是在不经意之间。

1.做一个富有想象力的父母。

如果父母富有想象力，对孩子想象力的培养一定大有益处，就像故事里的父亲那样，在那样窘迫的情况下，他的想象力不可抑制地迸发出来，也激发了孩子的想象力，孩子的想象力也就在不经意间得到了培养和锻炼。所以，父母如果想培养孩子的想象力，就要先做一个富有想象力的父母，不要认为自己年龄大了，就可以不再做梦，不再想象，你敢于想象、善于想象，孩子自然能得到熏陶和感染。

2.丰富孩子的知识和经验。

　　孩子的想象力不是凭空产生的，它来自孩子的生活经验和对知识的掌握，所以，要想培养孩子的想象力，首先需要丰富孩子的知识和经验。怎么样丰富孩子的知识和经验呢？多读、多听、多看、多接触这个世界，只有孩子头脑中储存的经验越多，才能闪耀出思想的火花，孩子的想象力才能驰骋的更奔放。

想象力，提高孩子的学习效率

关键词

思维活跃，活学活用，联想，建立联系。

指导

　　有哪一个孩子的学习成绩不牵挂着父母的心？好像没有！但有一些现象却让父母们百思不得其解：有些孩子学习很努力，学习成绩却很一般；有的孩子好像并不怎么用功，该学的时候学，该玩的时候玩，学习成绩却很好。这让一些父母不得不感叹：我的孩子没有别的孩子聪明。

　　事实并非如此。

　　你的孩子虽然努力，却只会死记硬背，只记理论，不懂得和实践结合，更不懂得联想、举一反三，所以学的吃力，却没有好的效果。而那些会玩又会学的孩子，则启动了他们头脑中的开关——想象力，他们只是把头脑中的知识当成仓库，利用仓库中的知识进行联想，活学活用，因此，他们学的轻松，并学的很好。

可见，想象力有助于提高孩子的学习效率。

有了想象力，孩子们不必把老师说的每一字、每一句都记住，只要记住老师讲的精髓，就可以通过联想吸收到更多的知识；有了想象力，孩子无需担心今天记住的明天就会忘记，只要理解了就可以通过想象了解各种知识之间的相互关系。聪明的孩子无不是拥有丰富的想象力的，一味地埋头苦读不一定学的好，但巧用想象力，却可以轻松地学好。

为什么想象力可以提高孩子的学习成绩呢？这是因为想象力可以调动孩子的思维。想象实际上就是由此想到彼，它反映了客观事物之间的联系。学习就是要在有关的知识之间和有关经验中建立联系，思维中的联想越活跃，各种知识和经验之间的联系就越牢固。在学习中养成联想的习惯，可以大大增强学习效率。想象力促进了孩子的记忆和思维能力，成为学习的一种方法。

因此，作为父母的我们，有必要培养和保护孩子的想象力，让孩子在学习中多多发挥他们的想象力，让他们学的事半功倍，给他们更多玩耍的时间和发展业余爱好的时间。

想象力能改变世界，想象力能创造奇迹，想象力当然也能提高孩子的学习效率。孩子的生活离不开想象，学习更少不了想象，在学习的过程中多联想、多实践，才能真正达到学习的目的。大胆想象，努力实践，学习的过程会更快乐，也才会有更大的收获。

案例

君君上小学 6 年级，他很乖很听话，学习也很努力，但学习成绩总是不好不坏、不上不下，这让父母有点纳闷，君君很努力，回到家就捧着书本哇哇读，习题做了一本又一本，老师讲的也都听懂了，为什么学习成绩不够好呢？

君君的父母去问老师，老师说："君君的学习方法需要改进，比如他学语文，语文基础知识学的不错，但写作文就不行了。文章就像流水账、白开水，缺乏新意和想象力，有时候还会跑题，每次考试作文分数都比较低。数学呢，则是简单的运算可以，稍微复杂点他就糊涂了，尤其是应用题，他经常不能准确地理解题意。我觉得君君的理解能力、想象能力、活学活用的能力都比较欠缺，这可能和他的思维习惯、不擅长建立知识之间的联系有关。"

老师的话对君君的父母触动很大，他们对君君从小管的就比较严，玩耍有限定的时间，电视、电脑、课外书籍都很少碰，语文的学习主要靠对书本的背诵，学数学也主要是记公式、套公式，并没有其他的学习方法，这可能是造成君君思维僵化、呆板，缺乏想象力和理解能力的原因。

君君的父母想，从现在开始，必须培养君君的想象力、在各种知识间建立联想的能力，只有这样，才能提高君君的学习效率。

技巧

君君的学习效率之所以不高，正是因为君君欠缺灵活的学习方法，头脑缺乏想象力，死读书才会读死书，只有让头脑活跃起来，知识才会灵活地被自己调动，学习效率和学习成绩才能提高。

也许通过下面几个方法，你也可以提高孩子的想象力，提高孩子的学习效率。

1.让孩子接触更多有趣的东西。

让孩子的世界变得丰富有趣，孩子的头脑才会活跃起来，他说的话、他的行为，他对事物的看法才会生动起来，那么他的语文成绩也会提高。所以，不要把孩子关在家里，也不要让书本困住孩子，让他们去接触大自然，接触小朋友、大朋友，看充满幻想的童话书籍……

那么，他对文字的理解绝对不是一个个字词组成的句子，而是一个个动人的画面，他在写作文的时候也不是在拼凑句子，而是在讲故事、描述一个个美丽的画面，他学起语文来自然轻松又愉快。

2.让孩子懂得举一反三，在知识间建立联系。

孩子们在学习中经常会碰到这样的情况，这道题会，那道题却不会，而两道题所用到的不过是相似的知识，甚至是同样的公式。这说明他只是记住了题，而不会灵活运用这道题所用到的知识，成为了知识的奴隶，而非主人。

要改变这种情况，就需要孩子们在学习中发挥自己的想象力，学会在知识之间建立联系，同样一道题，原因变成结果，结果变成原因，应该怎么做？改变几个条件，又应该怎么做？学会在知识间建立类似联想、对比联想、因果联想，用种种联想使知识和知识联系起来，让自己的头脑成为一个灵活运转的加工厂。

为什么美国孩子更具想象力？

关键词

自由生长，限制扼杀，"像"和"好"，不同的教育方式。

指导

父母们，如果现在有两棵小树，你会怎样来栽培这两棵树？

是看看这棵小树是松树、杨树还是苹果树，然后给它合适的土壤、合适的空间、适度的浇灌、自由的生长时间，让它随意地成长。

圈一块地，把它种在里面，然后拿着剪刀修修剪剪，嫁接、固定，不管这棵树原本是棵什么树，也不管这棵树疼不疼，只是希望它能按照你的方式生长，长成你想象中的模样。

这，就是美国人和中国人教育孩子的不同方法。其结果是什么呢？美国孩子独立自主，学习能力、想象能力、创新能力都非常强，中国孩子虽然学习能力也很强，甚至被国际社会誉为"考试专家"，但他们却循规蹈矩、墨守成规，缺乏想象力、创新能力、动手能力，走上社会以后普遍缺乏独立的开创精神。

为什么会有这样不同的结果？正是因为不同的教育制度使美国的孩子比中国的孩子更具想象力！

美国的父母认为，自己是守护者，要小心保护着孩子的想象力；中国的父母则认为，自己是伐木工，要把孩子头脑中不符合自己期望的想法全砍掉。长期下去，中国孩子必然缺乏想象力！

美国的孩子有的长成高大的红杉，有的长成挺拔的松柏，有的长成美味的橘子树，各有各的特色，但都生机勃勃。再看看中国的孩子，整齐划一，循规蹈乱臣，但个性特点并不鲜明。这与缺乏想象力有直接的关系。

天下无不爱子女的父母，但美国的父母比起中国的父母，给了孩子更多的自由和空间，让他们按照自己的想象去认识世界、改造世界、实现自我。

孩子在童年时对什么事、什么东西都感到好奇，喜欢摸摸这、动动那，也经常因此把家里弄得乱七八糟，所以父母总是训斥他们："不要动！""不要乱摸！"孩子的好奇心和想象力就在你这样粗暴的训斥下被扼杀了。

画画的时候，中国的孩子喜欢这样问父母："我画的像吗?"中国的父母总是不失时机地夸奖一番："像，太像了，简直和书上的一模一样。"

而美国的孩子则喜欢这样问："我画的好吗?"美国的父母却这样回答孩子："不错，你还可以更大胆地想象，画的更夸张一些。"

两者的回答区别在什么地方呢？中国的父母无意中限制了孩子想象力的发展，而美国的父母却在鼓励孩子发挥他们的想象力。这就是为什么美国的孩子更具想象力的原因所在，这也是为什么长大之后美国的孩子更具创新力的原因所在。

当父母们在抱怨自己的孩子缺乏想象力和创新能力的时候，是否应该先反省一下自己的教育方式呢？

苗苗8岁，她的父母给她起这个名字，就是希望她能像一棵小树苗一样，健康、快乐、自由地生长。所以，苗苗的父母对她的教育方式和中国父母传统的教育方式不太一样，更加宽松、更加包容，甚至更加随意。

苗苗喜欢看书，妈妈就给她买了很多儿童书籍，别人知道了提醒苗苗的妈妈说："她还小，不应该给她看这么多课外书籍，会影响她的学习。"

苗苗的妈妈却说："正是因为她小，才需要了解更多的东西。苗苗接触的世界是有限的，但她的好奇心却是强烈的、想象力是丰富的，所以需要让她接触更大的世界去满足她的好奇心，发挥她的想象力。就算书中描述的世界是虚幻的，对苗苗智力的启迪也是有益的。"

玩电脑、玩游戏，这是很多父母碰都不愿意让孩子碰的东西，苗苗的爸爸却让苗苗去玩。游戏也许占据了苗苗一些学习和休息的时间，但游戏里也是一个个丰富的世界，它拓展了苗苗的视野，锻炼了苗苗的智力，极大地丰富了苗苗的想象力。

在父母宽松的教育方式下，苗苗按照她自己的方式成长着，她比同龄人更成熟、思维更敏捷、头脑更活跃，这让苗苗的父母很欣慰，用她妈妈的话说："只要苗苗不长坏，她想长成什么样就长成什么样。"

技巧

　　苗苗的父母对苗苗的教育方式颇有点西方的观念，不束缚、不限制、不过多的干涉，只要苗苗始终在父母的目光注视之下成长，只要不偏离轨道，就让她自由地成长。在这样的空间长大，苗苗更容易张开想象的翅膀，自由地飞翔。

　　也许其他的父母也想这样教育自己的孩子，那么具体应该怎么做呢？

　　1.让孩子按照自己的方式去了解世界。

　　懵懂的年龄，孩子对这个世界上的一切都充满好奇，书本里、电视里、电脑里、大人的嘴里，他们渴望通过种种渠道去释疑他们心中无数个"为什么"。只要他们接触到的东西没有不健康的，并有所节制，就让他们去接触、去了解，千万不要视课外书、电视、电脑这些东西为"洪水猛兽"。让孩子通过不同方式去满足他们的好奇心和想象力，让想象力的翅膀在不同的彩色世界里自由地飞翔。

　　2.请父母去掉"不准这样！必须那样！"的口头禅。

　　父母们有这样的口头禅吗？

　　"不准乱打听，大人说话，小孩不要插嘴！"

　　"不准乱写乱画，必须按照老师教的和书本上的照着画！"

　　孩子的想象力就这样在你的"不准这样"、"必须那样"的训斥下被抑制了、扼杀了，不要捆绑孩子的手脚，那等于束缚了孩子的灵魂。只要孩子没犯错、没犯法，不是什么天大的毛病，让他们按照自己的想象去生活，千万不要用"不准这样！必须那样！"打击了孩子想象的热情。

第二章
现在，激活孩子的"想象力"密码

　　总有一些孩子，会显得有些"驽钝"，他们似乎对什么问题都提不起兴趣，更不要说想象力过人。对于这样的孩子，我们首先要做的一件事就是：激活他的想象力。多听听孩子的内心想法，多鼓励他说出心声……这样，我们才能激活他的想象力！

包容孩子的奇思妙想

关键词

奇思妙想，包容，赞赏，引导。

指导

　　森林里，动物们正在联欢；月亮上，白雪公主正在荡秋千；恐龙也坐着宇宙飞船飞来了……这，就是孩子想象中的世界！这个世界多奇妙啊！真是一个大人无法幻想的世界。

　　当然，孩子还有着更多更多的奇思妙想：我要拿熨斗把爷爷脸上的皱纹熨平！我要用手里的小弓箭，将月亮射下来；我要骑着小马跨过太平洋……

　　这些幻想，一定会让作为父母的你，感到瞠目结舌。于是，荒唐、不着边际，甚至"神经质"这样的标签，你就贴在了孩子的身上。

　　可是，孩子们的奇思妙想，真的如你想象得那般不堪吗？难道你没有听过这样一句话："童年时期，孩子的想象力最为丰富。"

是的，孩子的奇思妙想，都是他们所必须经历的、最为正常的成长阶段。因为，他们不像大人一样有那么多所谓的"理智"，他们眼中看到的世界是最纯真的，他们也不会掩饰对这个世界的感受，更没有接受过社会规则对他们的约束和改造，因此，看似不着边际的奇思妙想，正是他们对于想象力的直接表达。

也许，有些想象力对于大人来说，的确是那么不合时宜或不合常理，可是对于孩子来说这一切都是正常的。所以，请包容孩子的奇思妙想，特别是那些荒唐可笑的想法，你的不屑和摇头否定的不仅仅是孩子的想象，而且是孩子敢于想象的勇气，孩子的想象力密码刚刚要激活，就被你遏制。

你以为，孩子的想象很天真，其实是你的思维已经僵化，是你的想象力密码已被你忘记！所以，不要让孩子变成和"死气沉沉"的大人一样。包容孩子的奇思妙想，激活孩子的想象力密码，就是激活孩子敢于想象、敢于创造的勇气，你的包容就是鼓励孩子走上一条天才曾走过的路。

许多天才、伟人、奇人都想象力惊人，他们从小就拥有令他人惊叹的甚至是不可思议的想象力，他们不仅崇拜知识，还用想象力去印证对知识的质疑，他们的"奇思妙想"让知识不断得到更新。

所以，如果想让自己的孩子成为天才、接近天才，就请包容孩子的想象力。就在孩子想象的瞬间，他的世界变大了，变美好了，变得有趣了，你怎么可以剥夺孩子想象的快乐和成为天才的权利？

知识是死的，激活孩子的想象力，就是为孩子头脑中的知识找到了一台"永动机"，让孩子头脑中的知识不停地灵活运转，不停地创造新的知识、新的财富。

那么就请包容孩子的"奇思妙想"，马上和孩子一起激活他的想象力密码吧。

案例

夜晚时分，星星悄悄出现在灵灵家的窗外，冲她眨眼，灵灵目不转睛地看着星星出神。灵灵的妈妈正在做晚饭，她看着灵灵专注的样子忍不住问道："灵灵，你在干嘛呢？"

灵灵说："妈妈，我在想有什么方法可以飞到星星上呢？"

"哦，"灵灵的妈妈觉得可笑，心里想："怎么会有这样的想法？"但她并没有真的笑话灵灵的想法，而是同样认真地问灵灵："你想想看，有什么方法可以飞上去？"

灵灵想了半天，却一直都没有特别好的想法。这时候，她扭头看见，煮稀饭的锅一直在飘着白烟并且越来越高，她立刻兴奋地喊道："有办法啦！妈妈，你看这些烟飘到那么高，一定能飞到星星上！如果我把这些烟都收集起来，然后装在一个大气球里，然后我抓着它们就能飞上去！"

"啊？"妈妈愣了一下，然后哈哈笑了起来："宝贝儿，你真的是太聪明了，也许真的能行呢！那么，你可要赶紧想一想，怎么收集这些烟！"

灵灵也非常高兴："嗯，我一定能行的！"

技巧

"把烟收集起来飞到星星上"，我们不能不感叹灵灵的想象力丰富，虽然在大人看来，这想象未免幼稚可笑，但这却是孩子思维的火花，我们更应该赞赏灵灵的妈妈，她不仅没有嘲笑灵灵的想象，还送上了她的夸奖和鼓励，这对激活灵灵想象力的密码是多么重要啊。

所以，父母们要像灵灵的妈妈一样，包容孩子的奇思妙想，激活孩子的想象力密码。

1.对孩子的奇思妙想不要吝啬赞美。

人都需要鼓励，孩子更是如此，所以，对孩子的奇思妙想不要打击，多赞赏、多夸奖。例如故事中灵灵的妈妈，如果她当时是这么对待灵灵的想象的："人怎么可以飞到星星上去呢？别胡思乱想了。"那么这样的回答无疑是打击了灵灵想象的热情，灵灵从此之后恐怕不敢再轻易说出她的想象，甚至不会再去想象了。

因此，父母的态度很重要，它决定着孩子想象力的密码是否能够被激活，多赞赏、多夸奖孩子的想象，尊重、包容孩子的"奇思妙想"，给孩子插上乐于想象、敢于想象的翅膀，才能真正激活孩子的想象力密码。

2.引导孩子说出自己的奇思妙想。

有些孩子头脑中也有很多奇思妙想，但因为怕受到他人的嘲笑或指责，不敢把自己的想象说出来；也有一些孩子的想象有些弩钝，靠自己无法激活自己的想象力密码。这就需要父母的引导。例如，孩子画了一只小乌龟，这时候父母可以引导他："小乌龟一个人多孤单呀！你想想看，能不能给它找个朋友？"

孩子想了想，画了一只小兔子，说："龟兔赛跑！对啦，小乌龟的好朋友就是兔子！"

我们不妨再进一步诱导："还有什么呢？"

"还有猫头鹰裁判！还有大象、小鹿，它们都是观众呢！"

孩子就这样在你的引导下，一步步展开他的想象。

当然，引导孩子说出他的想象，但不替孩子做决定，这样才能给孩子留下想象的空间，这不正是激活孩子想象力密码的好办法、好时机吗？

孩子为什么没有想象力：自暴自弃

关键词

自暴自弃，自卑，逆向思维，转换思路，激活激情，无助感。

指导

"我还能幻想？这简直就是玩笑！因为，我是一个废物！"

总有的孩子，每当说起想象力时，就会如此"贬低"自己。看到这样的孩子，父母也是非常揪心。可是，该怎样帮助他走出困境呢？

想要激发这种孩子的想象力，首先要了解到一点：他们为什么自暴自弃。原因很简单：他们的目光，都集中在了某个纠结的点上，并且不可自拔。一而再再而三地失败，他总会痛苦地指责自己，久而久之，他丧失了想象的能力。

这样的孩子，现实中有很多很多。例如，那些学习成绩不好的学生，就会认定一无是处，看不清自己的心智，所以，他们又怎么会主动地去展现想象力？

事实上，这些孩子不知道：也许，这样的孩子唱歌很棒，也许，这样的孩子舞蹈很美，也许，这样的孩子跑步很快……可是因为学习成绩，这一切他们都不敢想了。他们认定自己做任何事情都是一事无成，再也没了曾经的自信。这时候，他怎不会为自己戴上"废物"的帽子？这时候，他又怎会愿意去想象？因为，现实让他感到"糟透了"！

更可怕的是，有的父母不仅不会帮助孩子走出困境，反而还会将他推入火坑！

想想看，你是不是对孩子说过这样的话："连这个都不会，你真笨。""我看你是无可救药了。""你这种成绩，真把老子的脸都丢尽了。"这种令人泄气的话，会让孩子对自己再无自信。孩子的思维是简单的、具体的，如果父母说他笨，他可能就会信以为真，把自己当作废物。

自己的不自信加上父母的恶语相向，这样的孩子，怎么会产生丰富的联想思维？

所以，不要指责孩子不是"想象力"达人，孩子只是孩子，他没有那么成熟的思维，很难做到独自一人绝地反击。你带给他的是无助感，他收获的就是平庸感。想要让孩子的想象力腾飞，那么就必须帮助他打破自暴自弃的心态。

案例

马涛以优异的成绩，考入了市重点中学。然而，就在高一的第一学期，仿佛他周围的一切都变了。进入高中，马涛发现初中的学习方式已经不适用了，他有些不太适应高中生活，觉得自己什么也学不会。

第一次月考，马涛全班倒数第五，他下定决心要咸鱼翻身。然而，这次调整收效甚微，成绩一直在下游徘徊。马涛更加苦闷了，他感到处处不如人，也从父母和老师的眼神中看到了失望。

期末考试时，马涛还是没能进入前十名。他在妈妈的面前大哭了起来："妈妈，我真是个废物！"

妈妈没有指责他，反而说："孩子，你给自己的压力太大了。你怎么能是废物？我知道，你有很多特长的。"

"妈妈，你不用安慰我了。我完蛋了，我想退学。"

妈妈笑着说："这怎么可能？为什么你总要想着学习成绩呢？想想看，当年你是不是得过作文比赛的全国冠军？这次语文考试，是不是成绩也还算优秀？这说明了什么？"

马涛挠着头说："说明我在写作文上有天赋？"

妈妈夸张地说："何止写作文？简直就是文学天赋！这又说明了什么？大胆地告诉我！"

"我……我可以，我可以做一名作家！"

妈妈惊呼道："对啊！原来我的儿子能成为作家！"

"是啊！"马涛一扫沮丧，"对，我可以成为一名作家，我有太多的想法，想让它们变成文字！我的数学不好，但我的作文很厉害，我不是废物！妈妈，我要去我的幻想世界里游泳去了！"说完，马涛便钻回了自己的房间。

从这以后，马涛不断有文章面世，有的甚至还在国家级刊物上发表。他很感激妈妈，正是那一次的引导想象，让自己走出了困境！

技巧

其实，帮助孩子走出想象力困境的方法还有很多。只要我们运用合理的手段去刺激，他就能摆脱"我是废物"的困惑。

1. 提提孩子的风光往事。

面对自暴自弃的孩子，父母不妨给他讲讲过去的辉煌："儿子，你还记得一年前么？那个时候你多风光啊！"言语中，要尽可能表现出羡慕的口吻。

父母的这种追忆，会让孩子不由自主地联想："对啊，那个时候生活是多么好，远比现在要强一百倍！那么，我怎么才能回到过去呢？如果我能回到过去，那么我的未来，又会是什么样子？"

当孩子敢于主动幻想未来的生活，这个时候，我们又何苦担心他的想象力不足？

2. 多让孩子开阔视野。

孩子之所以自暴自弃，是因为没有找到自己的优点。所以在闲暇之时，不妨带着孩子去参加诸如画展、影展、运动比赛等活动，开阔他们的眼界，找到自身的优点。也许，他们会就此找到属于自己的兴趣，体会到成功的滋味。一个能感受到成功的孩子，又怎么会封闭自己的想象力？

3. 保护孩子的自尊心。

孩子的自尊心通常是很强烈的，所以，我们要注意保护他的自尊心，多赞许，少责备。当他在感受到自信时，就会主动去想象更多的事情，愿意随着想象力去奋斗。所以，像"你怎么这么笨"、"把你生下来可真后悔"的话一定不能说。如果不慎伤害了孩子，那么也要及时道歉。

形象思维训练激活想象力

关键词

形象，观察，模仿，激活。

指导

天空中，一只大鸟正在飞翔，一对兄弟的眼光随着这只鸟也在飞翔，越飞越高……这对兄弟就是世界上第一架飞机的制造者——莱特兄弟。莱特兄弟制造飞机的想象最初就是来自于天空的鸟，他们觉得，鸟儿能飞，人制造出的东西也能飞上蓝天。

莱特兄弟一遍又一遍地观察着空中飞翔的老鹰，老鹰如何起飞？如何展翅？如何滑翔？如何降落？他们细心认真地观察着，每一个细节的动作都被他们尽收眼底。一边观察，一边想象着他们的飞机应该如何制造？

　　莱特兄弟的想象力就是来自于头脑中的形象思维。形象思维是用直观形象和表象解决问题的思维，其特点是具体形象性。

　　孩子的想象力不是凭空产生的，它需要条件的刺激，而具体的形象最能激活一个人的想象力，尤其对于孩子来说，他们的生活体验比较少，抽象的思维也很少，而形象直观、直接、生动而又具体，对孩子的想象力具有直接的刺激作用。

　　所以，我们不妨利用形象思维来激活孩子的想象力。这一点其实很容易做，因为生活中各种各样的形象太多了，电视里、电影里、游戏里等艺术作品里的各种形象更是数不胜数，孩子们如果能够多观察这些形象，对激活他们的想象力非常有益。孩子观察形象、模仿形象、根据形象进行创造，这本身就是想象的过程，孩子的想象力密码也就在不知不觉中被激活了。

案例

　　蕾蕾喜欢去动物园，每次从动物园回来，她都要在家里模仿各种动物的造型，再配上夸张的声音，简直是惟妙惟肖。她还把自己去动物园的经历写到作文里，她充满想象力、动人的语言，让看到她的文章的人都犹如身临其境。这种最直观的形象直接刺激了蕾蕾的想象力。

　　蕾蕾还喜欢模仿一些实物的造型，例如把身体弯成拱桥的样子，让父母弯着腰从桥下走过，父母也极力配合蕾蕾的想象力。

　　有时候，蕾蕾还用身体模仿各种字母、数字和汉字的造型，让父母来猜。例如她双膝跪地，身体向后倾斜，双臂伸直，就呈现出一个大大的数字"2"；头上顶块横木板，双手伸展平，两腿伸开，就是一个很形象的"天"字。父母有时候故意装着猜不着，让蕾蕾模仿的更形象一点，还让她用语言来提示，无形之间又拓展了她的想象力。

蕾蕾还和几个小朋友一起合作，把各自的身体连起来，一起模仿一个英语单词，这样的模仿让一个个英语单词活了起来，既发挥了蕾蕾的想象力，也提高了她的学习效率。

蕾蕾的形象思维能力特别发达，在学校的新年联欢会上，蕾蕾带领同学们一起把电视里的动画片搬到了学校的舞台上，非常成功，老师和同学们都夸奖蕾蕾的模仿能力、想象能力、创新能力太强了。

技巧

蕾蕾的想象力正是来自于一个个生动具体的形象，对于缺乏生活经验的孩子们来说，这是他们想象力的一个重要来源，因此，父母应该给他们提供更多的机会去接触和观察这些生动有趣的形象，用一个个具体的形象来激活孩子的想象力。

具体应该从哪些方面培养、训练和激活呢？

1.画画。

孩子观察到了一个形象之后，可以让他通过画画的方式把这个形象画下来，画的不一定要和观察到的形象一模一样，可以在原有形象的基础上进行夸张和想象，这就是通过想象来创造。在这个过程中，孩子的形象思维得到了锻炼，想象力和创造力都得到了发挥。

2.描述。

孩子去过动物园，或看完一部动画片，总是喜欢和其他小朋友一起讨论他看到的一个个动人的形象：大象的鼻子多么可爱，孔雀的尾巴多么漂亮，白雪公主是多么美丽，在这个描述的过程中，孩子就是利用想象力对这些形象的一种再创造，无疑又一次锻炼了他们的想象力。

3.制作。

制作是把孩子的想象付诸于现实，例如孩子在电视上看到了城堡，就让孩子制作一个城堡的手工，这个城堡的造型可以根据孩子的想象进行改造，城堡里面的人物、城堡外面的环境，都可以让孩子展开充分的联想。

制作不仅让孩子展开了他的想象力，还同时锻炼了他的创造能力，这是一种更高层次的想象力的锻炼。孩子经过这样的锻炼，想象力密码早就被激活了！

玩耍，正是孩子的想象力激活时

关键词

玩耍是天性，激情，着迷，玩耍调动想象力。

指导

玩耍是孩子的天性，但总有一些父母想要限制孩子的这种天性：

我们总能听到有这样的父母教训自己的孩子："别玩了，就知道玩，长大能有什么出息！"

还有的父母是叹息："唉，我的孩子总是沉迷于玩玩具、玩游戏，这样对他的智力能有什么帮助？"

有这样想法和担忧的父母其实是不知道这样一个事实：玩耍，正是孩子的想象力激活时！

对于这一点，著名作家谢冰心就曾戏谑地说："淘气的男孩是好的，调皮的女孩是巧的。"是的，循规蹈矩者鲜有成功者，爱玩、贪玩则容易成为杰出人物。这其中的原因是什么？是因为爱玩的孩子对所玩的事情"着迷"，容易投入。想想看，孩子如果对一件事没有激情，又怎么可能由此开动大脑，产生想象力？一个循规蹈矩者又怎么可能打破常规，产生创造力？

因此，孩子玩耍甚至是贪玩，是正常的、必须的，也正是产生想象力所需要的，他们玩耍时，也正是想象力被激活时。

所以，孩子玩耍时，不要总是皱着眉头训斥孩子，按照大人的想法唯命是从者多半缺乏想象力和创造力，你想让孩子成为墨守成规、书呆子式的庸人？还是成为一个从玩耍中成长起来的天才？

也许，你还是不认同"孩子玩耍能锻炼想象力"这个观念，那让我们来看看孩子在玩耍时是如何激活了想象力的？

孩子不停地摆弄着手中各种各样的玩具，他们的手指头灵活地运动着，同时他们的大脑也在运转着；他们在"过家家"的过程中，要分配每一个布娃娃的角色，不调动他的想象力是不行的；他们把一根竹竿当成骏马、火箭、飞机、机关枪，想象着自己是英雄、是大侠、是战士……他们玩耍时激动、舒畅、愉快的情绪激发和调动着大脑神经的高度活动能力，在这一刻，他们的想象力得到了充分的调动，他们的想象力密码被彻底激活了！

案例

曾经，美国的一名生物学家做了一个实验，引得全世界一片惊叹。这个实验是这样的：将一群遗传素质相同的老鼠分为三组，将它们分别放在不同的环境里。第一组环境，是"丰富环境"，其中不仅有玩具，采光度也非常好，可以说简直是小老鼠们的天堂；而第二组则较为传统，是老鼠们天生较为习惯的环境。

第三组环境，却与前两者截然不同：这里被称为"贫乏环境"，既没有阳光，也没有玩具。总之，就像一个黑色的"地窖"，可谓非常压抑。

就这样过了几个月，这位生物学家开始研究这些老鼠的变化。他发现，在"丰富环境"里成长的老鼠，其大脑皮层厚度，脑皮层蛋白质含量，脑细胞的大小，神经纤维的多少以及与智力有关的脑化学物质等方面，明显要比其他两组老鼠发育的好得多。与之相反的是，"贫乏环境"中成长的老鼠，却显得智商低下，很不愿意活动，生存能力也极为低下。最后，一个显而易见的答案得了出来：只有那些能够玩耍，并且环境优越的老鼠，才能长成健康的老鼠。

技巧

老鼠都需要玩耍，何况是孩子；老鼠的大脑经过玩耍的锻炼都能发育的这么好，何况是孩子。可想而知，大脑发育的好，其想象力也一定被激活了。因此，父母们不要再担心孩子的玩耍影响了孩子的学习和智力的发育，只要不是无节制地玩耍，一定是有益于孩子的想象力的。

1.完成了作业，不影响休息就可以尽情玩耍。

父母不让孩子玩耍，无非是担心影响他的学习和休息，如果孩子在完成了作业，又有充足的睡眠的情况下，父母就不要再干涉孩子的玩耍。不管他是和小朋友一起玩，还是独自在家里玩游戏、玩玩具，都让他尽情地玩，在他玩得正高兴时，不要打断他的兴致，当他投入在其中时，想象力也正在被激活、被放飞……

2.玩耍和学习相结合。

既然父母担心孩子因为玩耍影响了学习，那么不妨让孩子把玩耍和学习结合起来，比如让孩子玩电脑上的《大话三国》游戏，孩子既玩了游戏，又了解了三国时期的历史知识。三国里这么多的历史人物，想要把他们弄清楚，玩好这个游戏，不发挥自己的想象力是不可能的。这样，就可以让孩子把玩耍、学习和发挥想象力三者结合起来，可谓一举三得。

让孩子每天多问 "为什么?"

关键词

提问，鼓励孩子提问，想象的快乐，打破砂锅问到底。

指导

"为什么?"打开了孩子的探索之门，同时也激活了孩子的想象力。因为孩子在问 "为什么?" 的时候，同时也在思考，在想象，在寻找答案，这几种思维活动是同时进行的。

所以，孩子爱问 "为什么?" 同样能激活孩子的想象力!

爱因斯坦就是这样激活自己的想象力的，他说: "我没有什么特别的才能，不过喜欢寻根问底地追究问题罢了。" 是的，孩子喜欢打破砂锅问到底，正是他们喜欢思考、敢于想象的表现。

天文学家卡尔·萨根曾说过这样一句话："每个人在他幼年的时候都是科学家，因为每个孩子都和科学家一样，对自然界的奇观满怀好奇和敬畏。"正是因为如此，孩子们对这个世界充满了疑问，他们的世界就是由一个个的问号组成的。对世界他们有着太多的未知，同时又有着太多的新鲜和好奇，他们试图通过提问的方式从父母那里寻找答案，以此满足他们的好奇心和强烈的求知欲。

所以，父母不要忽视了孩子爱问"为什么"这样一个举动，每当他们在问"为什么"的时候，他们想象力的翅膀也就张开了，他们渴望在父母那里得到答案，正是为了证实自己的想象是否正确。

所以，父母要用积极热情的态度对待孩子的"为什么"。尽管他们的"为什么"是那么的多，那么的幼稚，那么的烦人，但父母也必须认真地对待，因为你的态度关乎着孩子的想象力密码是否能被激活。

但也有一些孩子，他们没有那么多的"为什么"或者把"为什么"藏在心中，不敢表达，那么，就请父母鼓励自己的孩子多问"为什么"，因为鼓励孩子多问"为什么"就是在帮孩子激活他的想象力密码。

孩子每天都在接触新事物，但有很多他们却无法理解，所以，他们都希望在父母那里得到答案。这些喜欢问"为什么"的孩子，都是喜欢积极思考、喜欢想象的孩子，所以，让我们每天都鼓励孩子多问"为什么"，孩子的想象力在这期间一次次被激活、被激发。

嘉嘉爱问"为什么",她的问题让爸爸妈妈每天都回答不完。

有时她问爸爸:"为什么蛇没有腿也能走?"

有时她问妈妈:"为什么月亮有时是圆的有时是尖的?"

有时她问爷爷奶奶:"为什么电灯会发光?"

刚开始,爸爸妈妈还是非常乐意回答她的问题的,他们觉得,嘉嘉喜欢提问,这是爱学习的表现,应该支持。但是嘉嘉的"为什么"越来越多了,不分场合不分时间,她都在问"为什么",这让爸爸妈妈有些招架不住了,有一次,妈妈甚至有些不耐烦了。

这天,嘉嘉一个人在电视机前看动画片,妈妈在厨房忙着准备午饭。嘉嘉看到电视里的青蛙一会儿在水里,一会儿爬上了岸,感到很奇怪,于是来到厨房问妈妈:"妈妈,为什么小青蛙一会儿在水里,一会儿在岸上呢?它不会死掉吗?"

妈妈一边忙着炒菜,一边回答嘉嘉:"因为它是两栖动物呀!"

"什么是两栖动物呀?"嘉嘉继续问道。

"因为它在陆地上和水里都能生存,所以叫两栖动物。"妈妈继续解释道。

但嘉嘉并没有就此满足,她接着问:"为什么它在陆地上和水里都能生存啊?"

妈妈终于有点不耐烦了:"哎呀,哪有那么多为什么,没看到我在做饭嘛,快走开,小心油溅到你身上。一个小孩子,哪来的那么多为什么?"

妈妈的话,让嘉嘉立刻沉默了,从此以后,嘉嘉的"为什么"确实少多了。不过,她的思维能力,似乎也变得越来越低了。

技巧

嘉嘉爱问"为什么"，这和大多数小孩一样，但也和某些小孩的遭遇一样，嘉嘉的"为什么"受到了妈妈的指责。嘉嘉的"为什么"从此少了很多，但我们也可以就此推断，嘉嘉的想象力也就此消失了，她想象力的密码不知何时能够再次被激活。

父母们看到这里，会有怎样的反应呢？还会像嘉嘉的妈妈那样，对孩子的提问泼冷水，扼杀孩子的想象力吗？所以，很多父母一定会像以下这几条这样做。

1.对孩子过于幼稚的问题进行点拨。

孩子就是孩子，他们的问题就是过于幼稚，这也是很多父母不想回答的原因。但不回答就浇灭了孩子想象的热情，所以，对孩子过于幼稚的问题，不能随便敷衍甚至是训斥，应该加以点拨或引导。

例如孩子看到一盘紫叶菜加了醋之后变颜色了，就问："为什么它变颜色了呢？"大人会回答："因为紫色的菜加上醋就会变色啊。"孩子会继续问："那紫色的衣服、紫色的床单加了醋都会变色吗？"对孩子这样幼稚的问题，父母千万不要轻易嘲笑，一定要试着去点拨或引导："那不一定，食物会变色，不代表其他的东西都会变色。"在父母这样的引导下，孩子错误的想象就会被纠正过来。

2.让孩子快乐地提问、快乐地想象。

任何事情只有感觉到快乐，孩子才愿意经常去尝试，所以，让孩子快乐地提问，他才能够感觉到想象的快乐。怎样让孩子感觉到想象的快乐呢？那就是对孩子的每一次提问给予鼓励，不管孩子问的是什么问题，多么幼稚，父母都要理解并肯定孩子的每一次发问。

　　例如孩子问："花为什么到了春天才开放呢?"父母不仅要耐心、认真地解答问题，同时要表扬孩子愿意提问，喜欢想象的态度，并鼓励他充分发挥自己的想象，来想一下这个问题的答案。当孩子感觉到每一次的提问都是一次快乐的经历后，自然愿意经常去提问，经常去想象，孩子的想象力自然也就得到了锻炼和提高。

超级想象力孩子的家庭关键词

关键词

宽松的成长环境，才能激发孩子的超级想象力。

指导

　　小鸟为什么能张开飞翔的翅膀，因为它有广阔的天空；鱼儿为什么能快乐地成长，因为它有宽广的海洋。同样，孩子的想象力为什么能够自由地发挥，因为他有不受约束的空间，而这个空间就是父母给予他的自由和民主。

　　想象力是否丰富，与孩子所处家庭环境的民主与否有很大关系。父母对孩子的教育方式越宽松、越民主、越自由，孩子的想象力和独立创造力就越高，因为他们在家中享有更多的独立解决问题的机会；而在专制型、支配型、娇宠型家庭中长大的孩子，依赖性强，情绪不稳定，当然就缺乏想象力和创新精神。

每个孩子身上都有想象力的萌芽，专制和约束会扼杀这个萌芽。很多父母对孩子的管教和照顾是事无巨细，孩子的一言一行都要干涉，孩子稍有出格的想法和行为，父母就要制止。父母恨不得画个框框，就让孩子在这个框框里面生活，一旦孩子的脚步踏到框框的边缘，父母就大惊小怪。孩子说什么做什么都畏首畏尾，个性得不到张扬，想法得不到实现，在这样的家庭里生活，孩子怎么可能有想象力，孩子的想象力密码又怎么可能被激活。

因此，必须给孩子一个宽松的成长环境，让孩子在一个自由和民主的家庭里长大，只有在这样的家庭氛围里，才能有适宜想象力萌芽成长的土壤。而在自由与民主的家庭里长大的孩子，其想象力的萌芽一定比一般的家庭发展的更为蓬勃，成长的更为迅速，超级想象力的孩子就是这样成长起来的。

案例

平平总是喜欢收藏一些稀奇古怪的东西，例如糖纸、卡片、石头、树叶……有时走在路上，看到别人丢弃的漂亮的糖纸或者石头、树叶，她都会去捡起来。开始妈妈也会去干涉，担心这些东西太脏，不让平平拿，但平平说："这些东西回去我都会洗干净的，我都有用处。"

果然，回到家里，平平把各种图案的糖纸擦干净，夹在笔记本里；树叶做成标本；卡片用一根漂亮的链子串起来，做成帘子；更绝的是石头，放在鱼缸里，鱼缸立刻充满了自然的气息。

爸爸妈妈看到平平的杰作，不禁赞叹："宝贝儿，你太有想象力了，爸爸妈妈都没有想到。"

不过，爸爸妈妈的宽容，也带来了麻烦，就是平平各种各样的"宝贝"越来越多了，尤其是石头，家里放了一堆。虽然爸爸妈妈觉得这些石头放在家里又占地方又碍眼，但他们知道这是平平充满想象力的东西：有的像猴子，有的像心，有点像一朵花，所以他们还是接受了这些石头成为他们家庭的一分子。

平平就是这样在父母自由与民主的教育方式下，展现着她的想象力，家里简直成了她想象的天堂……

技巧

平平无疑是个具有超级想象力的孩子，她的这种想象力当然和她自由与民主的家庭有关，爸爸妈妈的宽容与支持，是她的想象力得以自由发挥的重要原因。父母们，也想拥有一个像平平这样具有超级想象力的孩子吗？那就给他们一个自由与民主的家庭吧。

1.给孩子一个能让他自由想象的空间。

尽量给孩子一个独立的空间，例如一间屋子，如果没有这样的条件，那就给孩子一个自己的私人领域，一块供孩子随意发挥的空间，他可以在这个空间里自由地遐想，也可以把他各种各样的宝贝收藏在这里。

在这个空间里，不要给孩子太多的限制，也许会比较乱，也许会涂涂抹抹，只要孩子喜欢，就让孩子在这个空间里自由地放飞他的想象力。

2.不干涉孩子的爱好。

支持孩子的兴趣和爱好，孩子只有对他喜欢的东西、喜欢的事情才会投入，也才容易产生想象力，因此，只要孩子的爱好没有坏处，不影响大局就应该一律支持。就像平平的父母对她那样，虽然收集那些"乱七八糟"的东西影响了家里的美观，但却满足了孩子的爱好，孩子的想象力因此得到了锻炼，所以，不干涉孩子的爱好，这样自由与民主的家庭，才能使孩子的想象得到实现。

用生活中的小东西激发孩子想象力

关键词

翻腾，小东西，玩物未必丧志，激发想象力。

指导

你是否曾经看到，孩子在两三岁的时候特别爱"翻腾"，他把家里的柜子、抽屉全打开，柜子里的衣服，鞋盒里的鞋子，抽屉里的小物件，都爱翻腾出来看一看、玩一玩，就连床底下他都不放过，钻进去看看床下面有什么好玩的东西，经常是把家里弄得满目狼藉。爸爸妈妈好不容易收拾好了，隔几天他还会再"翻腾"一遍。有时候爸爸妈妈放进抽屉里一个东西，他会等爸爸妈妈离开后，悄悄走过去，偷偷打开，看一看里面是什么。

没错，孩子的好奇心就是这么强烈，他对一切事物都有着浓厚的兴趣，经常弄得父母们无可奈何，脾气好的父母收拾一番倒也罢了，脾气不好的父母少不了要训斥、打骂孩子。请打骂孩子的父母千万别这样，别动怒，因为这个时候，正是孩子发挥想象力的时候。

对一切没见过、不了解的东西，孩子都在想："那是什么东西？是用来干什么的？看起来很好玩啊，为什么爸爸妈妈要把它放在柜子里、抽屉里？"为了解答自己的这些疑问、满足自己的想象，孩子就要把这些东西翻腾出来看一看、玩一玩。

这是一个有趣的现象，很多孩子都经历过这个阶段——爱把玩家里的小东西。爸爸的手机、妈妈的发卡、书里的一个书签……一件件小东西都激发了他们的想象力，他们在玩这些小东西的时候，开动脑子、调动思维、手指也要不停地运动，想象力密码也在这个时候被激活了。

父母不要说不懂得如何培养孩子的想象力，也不要说不懂得如何激活孩子的想象力密码，因为这件事是这么简单。谁家里没有大大小小、各种各样的小东西，也没必要给孩子买过多的玩具，家里很多小东西都可以激发孩子的想象力。动手能力强的孩子，头脑灵活，富有创意，也会具有很好的想象力。

"玩物未必丧志"，爱玩的孩子其想象力、智力都要好的多，就是因为这些小东西启发了孩子的好奇心和探索欲。一个喜欢小玩意的人是富有情趣的，同样，一个喜欢小东西的孩子也是具有想象力的，他们长大后也极有可能是一位富于创造力的人。

家里的小东西无处不在，只要父母愿意并加以引导，每个小东西都可以激发孩子的想象力，父母不要担心孩子弄坏了这些东西，弄乱了家庭的环境，比起孩子的想象力来说，这些都是次要的。

案例

伟大的作家鲁迅非常善于用家里的小东西来锻炼孩子的想象力。他总是说："游戏是儿童正当的行为，玩具是儿童的天使，任何一样小东西都能激发孩子的想象力。"

鲁迅的话不是说说而已，儿子海婴出生后，鲁迅给他买了一些玩具，其中一种玩具叫积铁，是一盒用各种金属零件组成的玩具。海婴用这些零件组装小火车、起重机、发动机……装好了再拆，拆了再装，玩得不亦乐乎，鲁迅总在一旁予以鼓励。

但是那个时候，海婴的玩具不多，所以就经常盯着家里大大小小的东西，想拿来玩一玩。一次，海婴看到爸爸新买了一台留声机，他感到十分新鲜、好奇，刚开始他和爸爸一起摇留声机、听音乐，没过多久，海婴就不满足仅仅观看留声机的外表和听音乐，他想把留声机拆开来看看，看看留声机的里面是什么，为什么它能发出声音？虽然这台留声机价格不菲，但鲁迅并没有阻止海婴拆开它……

海婴在爸爸的默许下，玩了家里很多小东西，甚至邻居家的、朋友家的小东西，海婴见了都要研究一番，这些小东西满足了他对新生事物的好奇心和想象力，长大后海婴成了我国顶尖的无线电专家。

技巧

在那个物质相对贫乏的年代，鲁迅就懂得用小东西来激发孩子的想象力，何况是物质极大丰富的现代社会，每个家庭都有许许多多的小东西，只要合

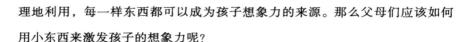

理地利用，每一样东西都可以成为孩子想象力的来源。那么父母们应该如何用小东西来激发孩子的想象力呢?

1.给孩子买一些小东西。

如今的孩子玩具都非常多，父母们也基本不会吝啬给孩子买玩具和一些漂亮的有创意的小东西，只要经济条件允许，多给孩子买一些新奇的小东西，一个小台灯、一把小手枪、一个小镜子，一个小首饰……不管东西多小，只要花样翻新，玩的多，接触的多，孩子的想象力自然就会被不断激发。

2.父母的小东西也可以让孩子玩一玩。

专给孩子买的玩具或小东西总是有限的，孩子也总有玩腻的时候，特别是一些经济拮据的家庭，不太可能专门给孩子买那么多的小东西，那么，父母的东西不妨让孩子玩一玩：爸爸的毛笔、砚台，不妨让孩子来挥毫泼墨；妈妈的相册、画册不妨让孩子翻一翻、看一看，不要因为这些是大人的东西，就不准孩子动，只要孩子感兴趣，就不要限制了孩子的想象力。

3.不要怕孩子弄坏了家里的小东西。

孩子玩家里的小东西会弄坏，这是经常有的事儿，因此父母不愿意让孩子动家里的小东西，就连孩子的玩具也是千叮咛万嘱咐："小心点！不要弄坏了！"这样一来，孩子玩起来就束手束脚，这不仅仅是束缚了孩子的手脚，也束缚了孩子的想象力。因此，放手让孩子玩，也许弄坏了他才知道这些东西的原理，尤其是那些能把弄坏的东西再修好的孩子，他们的想象力和创造力太令人称赞了。

给孩子淘气的权利

关键词

爱动，淘气中孕育想象力，配合孩子的淘气，给孩子淘气的权利。

指导

孩子爱玩这是正常的，没有父母不允许孩子玩的，但孩子玩得离谱——调皮、捣蛋，却令父母伤透脑筋，这样淘气的孩子很多人都不喜欢。

有些孩子，屁股上犹如长了钉子，总是坐不住，在家里恨不得上房揭瓦，出去也是"打打杀杀"，少不了"闯祸"。就连那些不怎么会走路的孩子，也会淘气，你喂他吃一口饭，他吐出来，你再喂一口，他再吐；你把玩具捡起来递到他手里，他扔在地上，你再捡起来给他，他还扔。看着父母无奈、生气，他呵呵笑。不会说话、不会走路，他就会淘。还有一些孩子表面上看着很乖，却是"蔫儿淘"，令父母更是无可奈何，防不胜防。

其实父母们却不知道，这些淘气的孩子很不一般，不一般在哪里呢？他们的想象力比一般的孩子要强。也许父母们不认同、不相信，那么你想一想，孩子坐不住，是他想去寻找好玩的东西，不愿一直待在一个一成不变、呆板的空间里；那些还不会说话、不会走路就会"逗"父母的孩子，想象力更是不一般，因为他们能够想象出他们的举动能引起父母怎样的表情；至于那些"蔫儿淘"的孩子，想象力更是惊人，他们在不动声色地想象着可能发生的一切。

因此，淘气的孩子有着丰富的想象力，请给孩子淘气的权利！

就连教育专家们也认为，孩子的淘气行为往往蕴含着创造，是孩子想象力的表现。

这个道理不难理解，想象是一个动态的过程，唯有那些身在动、心在动、脑在动的孩子才可能有想象力的细胞，而不停地"动"势必被父母们认为是"淘气"，因此，淘气从某种程度上来说，就是想象力的代名词。

为何大人的想象力不如孩子？因为大人越来越安静、越来越循规蹈矩，越来越不会淘气，因此也就失去了想象力。那些不淘气的孩子学习成绩或许会不错，但想象力、创造力却很弱，长大后也许会找到一份安稳的工作，但不会有创造性的作为和贡献。

因此，不要对孩子的淘气大加干涉，应该给孩子淘气的权利。也许他因淘气毁坏了家里的东西，但却因此激发了他的想象力，激活了他的想象力密码，这是一件有失必有得的事，而且得绝对大于失。

奇奇淘气，这是亲朋好友众所周知的事，他的淘气行为极其"恶劣"，数不胜数：他把浇花的喷壶当成水枪，朝众人四射；他把妈妈的口红当作画笔，在妈妈的化妆镜上画画；他用爸爸的电动剃须刀把小狗的毛剃了个精光；他用奶瓶给小狗喂牛奶……

不但如此，家里来了客人，他还捉弄小朋友，寻人家的开心。他的淘气行为引来了他人的不满，纷纷建议奇奇的爸爸妈妈："奇奇太淘气了，你们应该好好管教管教。"

奇奇的爸爸妈妈却说："只要不是太过分，只要不伤害他人，我们尽量不干涉他的淘气，你们不觉得他的很多淘气行为都充满了想象力吗？"

是的，谁能想到喷壶也可以当作水枪，谁能想到口红也可以做画笔……是丰富的想象力使这些东西超越了它们原本的用途，在奇奇淘气的行为中，他的想象力密码被彻底激活了。

看奇奇是如何回答别人对他淘气行为的质疑的："我是战士，我是画家，我是理发师，我是小狗的妈妈。"这是多么富有想象力的语言和画面，爸爸妈妈怎么可能不给奇奇淘气的权利呢？

奇奇是淘气的，可奇奇的淘气行为却充满了想象力，一个听话、乖巧的孩子是很难有这些充满想象力的行为的。奇奇的父母是开明的、明智的，他们懂得理解孩子的淘气行为，更看懂了孩子淘气行为背后的真实原因，那就是奇奇丰富的想象力。

那么，父母们该怎样让孩子通过淘气来训练自己的想象力呢？

1.别打击孩子淘气的天性。

如果孩子因为淘气把家里弄得凌乱不堪，因为淘气把你心爱的东西弄坏了，先别急着指责孩子，先表扬一下他的想象力和创造力，然后再提醒他下次淘气的时候要稍微小心点，不可太没分寸。因为你如果粗暴地打击孩子淘气的天性，也同时扼杀了他的想象力。

2.配合孩子的淘气行为。

孩子的淘气行为有时确实有点离谱，例如他要在洁白的墙上作画，他要在爸爸妈妈的脸上画眼镜，他要当爸爸妈妈的服装设计师，如果有条件，请父母尽量配合他们的淘气行为，这并不是妥协和迁就，而是在激发孩子的想象力，和孩子一起激活他的想象力密码。

培养孩子的 "怀疑精神"

关键词

推翻他人的理论，怀疑促进想象，怀疑自我，怀疑他人。

指导

人类社会怎样才能进步？不断推翻前人的理论。无论前人的理论是错还是对，只有敢于提出质疑者，才能站在巨人的肩膀上看世界；而那些不断对前人的理论"俯首称臣"者，看到的只是前人的屁股。跪着、蹲着看这个世界的人，怎么可能有前瞻的眼光和非凡的想象力？

所以，我们要培养孩子的"怀疑精神"！

"只有怀疑才能判断和论定。"这是法国文豪蒙田的一句名言。对于孩子来说，如果没有丝毫的怀疑精神，那么他就会越来越循规蹈矩，越来越不愿思考、不愿探索。在这种孩子的眼里，一切都是静如止水，一切都没有探寻下去的意义。

这样的孩子，总是习惯接受。这就像一台冰冷的计算机，你打出什么字，它就出现什么字。即使你写出了很多错别字，即使你写出了许多病句，它也只懂得全盘吸收。试想，这样的孩子，怎么可能充满想象力？

事实上，即使我们现在知道的许多真理，也并非是永远的"真理"。正如流传了数千年的"天圆地方"，到头来却发现不过是一个错误的认知。所以，去培养孩子的"怀疑精神"，就是要让他的想象力激活，敢于去思考，去通过自己的探索发现，这个世界到底是怎样的。

也许，此时你会有这样一种顾虑：孩子的年纪这么小，他们有可以去质疑的能力吗？会不会，这将导致他产生其他不好的心理作用？

当然不！有一个故事，我们一定都听说过：一个12岁的孩子，推翻了生物界一个长久以来的认知错误：蜜蜂发音靠的是翅膀振动。当孩子感到事实并非那样时，他开始了自己的探索与发现，最终，他证明了这条"真理"，是不折不扣的"谬论"。

如果孩子不敢去怀疑，那么，他能够去发现新的真理吗？不可否认，这条新的"真理"对于他而言，事实上并没有任何实际的意义。因为这一切，都是属于生物学的范畴，和孩子无关。然而，他身上那种勇于怀疑、敢于想象的勇气，却是非常宝贵的。

因为，在这个孩子的身上，我们看到了下一个爱迪生，下一个爱因斯坦，正在一点点地长大。

所以，父母一定要告诉孩子：不要认为已经形成的都是真理，已经有的答案都是正确的，不要让那个理所当然和唯一答案束缚了你的想象力。培养孩子的"怀疑精神"，其实就是解开束缚孩子思想的绳索，打开孩子想象力的大门。

青出于蓝一定要胜于蓝，孩子必然要超越父母，现代人必然要超越前人，因此，父母必须从小就培养孩子的"怀疑精神"。由怀疑开始想象，开始激活孩子的想象力密码，中国的孩子才具备腾飞的力量。

案例

小哲才 10 岁，他什么都好，就是有一句口头禅："我看不一定。"他看什么不一定呢？

"天气阴沉沉的，看来等一会儿要下雨。"他人说。

小哲马上接着说："我看不一定。"

小哲一边说一边看着天空，乌云随着微风正在慢慢移动，不一会儿，乌云散去了，天又晴朗了，哪里有雨？

同学们都在做数学作业，有一道题很难，大家都做不出来，只有数学课代表做出来了，大家纷纷向他请教，小哲看着他的答案直摇头："我怎么感觉不太对呢？"

同学们都说："怎么可能不对，数学课代表什么时候做错过？"

"那不一定，他以前次次正确，不代表他这次就是正确的，没有谁是永远正确的。"

果然，那道题的答案经过老师的批改后证明是错误的。

小哲的"不一定"渐渐被老师、同学所熟知，老师夸他有怀疑精神，并告诉小哲的父母，不要干涉他这种怀疑精神，有怀疑才可能展开想象，才有可能去探索、去进步。

确实，小哲从不迷信别人的答案，无论说什么、做什么，他都有自己的想法，他的头脑是那么的开阔，他的想象力也总是让同学们望尘莫及。

技巧

小哲具有"怀疑精神"，这种"怀疑精神"带动了他的想象力。其实孩子们想要拥有想象力很简单，就是不要被动地去接受知识，而是要有选择地去接受知识，而且要对知识有所加工，这个过程就会让自己展开想象力。

那么，孩子们在生活学习中该如何利用"怀疑精神"培养自己的想象力呢？

1.要勇于怀疑自我。

要想培养孩子的"怀疑精神"，首先要让孩子从怀疑自己开始：刚刚写了一篇作文，怀疑自己写的不够好，重新再写；刚刚做完一道数学题，怀疑还有更简便可行的解法，再试着做一做；刚做了一个手工模型，怀疑自己做的不够好，毁掉重新再做。在这些怀疑自我的行为中，是对原来自我的一种否定，重新塑造一种新的自我。在这个重塑的过程中，如果不展开自己丰富的想象力和创造力，则根本不可能超越以前自己所做的。所以，怀疑自我就是培养自己想象力的过程。

2.要敢于怀疑他人。

怀疑自我还是比较容易的，难的是怀疑他人，特别是怀疑权威。权威的正确性总是令众人不容置疑，你要想向权威挑战，必须具有相当大的勇气和能力。比如怀疑一个科学家的实验结果，怀疑学习成绩最好的同学的答案，怀疑父母的想法和做法，都有更大的难度。你必须充分调动自己的想象力，开动自己的创新能力，拿出证据证明自己是正确的，才能说服他人。所以，这个过程更是对自己想象力的高级运用。

多接触新鲜事物，孩子才有想象力

关键词

新鲜事物能刺激联想，想象就是事物之间的联想，
储存知识，材料加工。

指导

总有很多父母，会产生这样一种疑惑："我已经很注意培养孩子的想象力了，可是为什么我依旧觉得他还是像一块儿木头？每天，我都告诉他……"STOP！

难道你觉得，培养孩子的想象力，单凭几句看似有用的口头教育就可以吗？大错特错！事实上，想象是各种知识、各种事物之间的一种联想，如果头脑中不储存知识和事物，那联想就如空中楼阁，无法建立起来。

因此，脑海里没有任何知识和常识存储的孩子，怎么可能产生丰富的想象力?

那么,我们该如何激活孩子内心深处的想象力基因?方法只有一个——让孩子多去接触新鲜事物。

只有身处新鲜的环境中,孩子才愿意开动思维,展开丰富的想象;只有不断遇到各种新鲜的事物,孩子才愿意去动手做、动脑想,渴望了解它,渴望掌握它。一个细小的好奇心,就会让孩子的想象力如海绵一般迅速吸水、膨胀!

所以,让孩子不断去接受新鲜的知识和事物,让这些事物不断给他刺激,这是每一个父母都应该做的事情。要始终记得,那些他熟悉的事物,会逐渐让他感到乏味,让他的想象力减缓。

其实,不仅是孩子,大人不也是这样吗?倘若你的工作永远只是简单地收发信件,那么久而久之,你的工作热情就会消失殆尽,对如何做好工作再无任何想象,如同一个每天按时敲钟的和尚;但如果你在一家节奏飞快的公司中,每天要面对各种不同的客户,那么你就必须开动思维,不断想象如何去处理问题、解决问题。

因此,新鲜的事物能激活孩子的想象力密码,父母要多给孩子创造这样的机会。有的时候,一个新颖的玩具,或一次别具匠心的博物馆之旅,就会让孩子体会到前所未有的新鲜和刺激,这时候,他的想象力就会骤然提升。

案例

对于洛洛,父母可谓非常关心。然而,这份关心,却不是溺爱。在洛洛父母的身上,有着太多优秀的教育理念,例如对于想象力的培养。

"孩子,你应该多去接触些新鲜的东西!"

妈妈对洛洛说的最多的，就是这么一句话。因此，洛洛的屋里，总是有很多书。虽然因为年龄的限制，洛洛不可能一下子接触太多的现实事物，也不可能到太远的地方去体验生活，但通过这些书籍的阅读，他早已走出了国门。甚至，说起南极洲，洛洛也是头头是道。

正因为如此，洛洛的作文总是最优秀的，那其中透出的种种幻想，是同龄孩子完全无法比拟的。老师惊讶地说："洛洛，你为什么这么厉害？"

洛洛说："嘿嘿，那是！我的大脑走过了全世界，所以我当然会想到好多好多！老师，我好喜欢写作文，真的，我感觉我在用笔创造一个世界！"

当然，洛洛的生活除了书还有很多。每到假期，爸爸就会带着他去到处旅游。他去过西安的兵马俑馆，去过北京的故宫，去过桂林的七星岩，去过厦门的鼓浪屿……

通过旅行，洛洛对各地的幻想，有了更加真实的认识。有一次在长城，他兴奋地大声喊道："爸爸快看，爸爸快看！我觉得这里会有一块儿突出来的砖头，结果是真的！"

爸爸笑着说："儿子真厉害，比爸爸的想象力还要高出一大截呢！"

到了周末，爸爸妈妈还会带着洛洛回到乡下的奶奶家。一到奶奶家，他就会兴奋地钻进田地里，和蔬菜们打交道。自然地，在作文里他描写的乡下生活是最真实的。甚至，四年级的他还虚构了一篇关于农村留守儿童的短篇小说，并夺得了某作文比赛的冠军！就连见多识广的评委也说："我没想到，一个孩子能写出这样的文章。虽然他的文笔稚嫩，但其中对留守儿童的心理想象推测，却是那么深刻！我相信，就算大人也不一定比他强！"

这样的孩子，在学校里当然就是一个明星。每天下午放学前，班里总会有不少小同学拽着洛洛，希望他能够再给大家讲一个故事，一个充满幻想、充满乐趣的故事……

技巧

洛洛的想象力和创新能力来自哪里？当然是来自于他接触到的新鲜事物。洛洛的父母为我们做出了一个很好的榜样，他们懂得开阔孩子的视野就能提高孩子的想象力。所以，父母应该给孩子创造条件，多接触新鲜的事物，才能激活孩子的想象力密码和提高孩子的想象力。

那么，父母们该让孩子通过何种途径、多接触哪些方面的新鲜事物呢？

1.玩各种各样创意性的玩具。

玩具可以说是孩子最早接触到的新鲜事物，当孩子还不认识树木时，他们已经有了树形的玩具；当他们还没有见过高楼大厦时，他们已经有了高楼大厦的模型。这些对他们来说都是非常新鲜的东西，引起了他们浓厚的兴趣，让他们产生了奇妙的联想。

尤其是现在的一些玩具是特意针对孩子的智力开发的，非常有创意，比如拼图、魔方，这些对孩子来说就更新鲜了，经常玩，对他们的想象力的提升大有好处。

2.参加各种各样的兴趣班。

兴趣班也是孩子接触新事物的一个途径，在兴趣班里，各种文化课的学习，音乐、舞蹈的学习，游戏等多种途径都可以培养孩子对新事物的兴趣，在这些兴趣班里，还可以接触到一些新的小朋友。

特别是一些艺术兴趣班，可以提升孩子的艺术修养，而艺术修养对孩子想象力的促进更有益。

3.阅读各种各样的书籍。

我们常说："读万卷书，行万里路。"读书和旅游是孩子接触新事物最好的两种手段，虽然孩子们不可能经常去旅游，但读书却可以每天都进行。

因此，给孩子买各种各样有趣的书籍，让他们去接触过去、现在和未来的世界，在书里面，新鲜的事物太多了，不要给孩子买过于简单的书籍，太简单的书对他们来说就不是新鲜的事物了，只有那些让他们读起来似懂非懂、需要他们去思考的书籍才能充分调动他们的想象力。

4.接触各种各样的自然环境。

大自然里有着太多新鲜的事物，所以大自然也永远是孩子最向往的地方，春夏秋冬的四季变化，花开花落的自然更替，小猫小狗的各种乐趣……带给孩子太多的乐趣和遐想。

更可以带孩子走向更远的地方，高山海洋，草原沙漠，历史遗迹，这些都是孩子在平时的生活中接触不到的地方，对他们来说是如此的新鲜，在这样的自然环境里，孩子的眼睛不够用了，必须要调动他们的大脑、他们的心灵、他们的想象力才能好好的体会，在这个时刻，孩子的想象力密码早就被激活了，他们在兴奋的心情中感受着这多姿多彩的世界。

"钓"出孩子的想象力基因

关键词

主动开发，引导孩子，兴趣培训班，关注细节。

指导

　　某些想象力基因不丰富的孩子，他可能不会自行开发他的想象力，对于这些孩子，父母千万不可坐视不管，因为这样，孩子可能永远无法激活他的想象力密码。

　　想要激活孩子的想象力密码，可以从孩子的一个方面入手，就是孩子的兴趣。几乎没有孩子没有自己的兴趣，或喜欢画画、或喜欢唱歌、或喜欢玩游戏……对于他们的兴趣，他们总是能够全身心地投入，也能从中产生无穷的想象。

　　有些孩子的兴趣很明显，不用父母去开发，他自己就会要求："爸爸，我想练钢琴。""妈妈，我想学舞蹈。"对于这些孩子，父母就可以轻而易举地从他的这些兴趣入手，去开发他的想象力。

但有些孩子的兴趣却让父母摸不着头脑："孩子，给你报个美术班吧？""我不喜欢！""那给你报个英语班吧。""不想学！"这就让父母为难，这也不喜欢，那也不想学，他的兴趣到底在哪里，该如何开发他的想象力，激活他的想象力密码呢？

其实，父母们不必过于发愁，孩子的兴趣和爱好是可以引导的，孩子的想象力基因是可以"垂钓"的，只要父母在生活中细心地观察孩子的资质，然后选择合适的方向引导孩子，像姜太公钓鱼一样，孩子像水中懵懂的小鱼儿一般，自觉地咬住了父母们设下的"诱饵"，孩子的兴趣爱好渐渐就会被你发现了，孩子的想象力基因也就被你"钓"出来了。

美国著名的投资商巴菲特的想象力基因就是这样被父母"钓"出来的，他的父母通过生活中一些细节观察，发现巴菲特好像喜欢数字，但又不能确定，就在圣诞节送了他一个货币换算器。这份礼物让巴菲特特别喜欢，从此真的喜欢上了数字，并由此引起了他对货币和财富无限的想象，最终成为了一名成功的投资商。

因此，不要担心孩子没有想象力基因，只要父母细心观察，善于发现和引导，都能"钓"出孩子的想象力基因。

案例

彤彤是个比较乖巧的孩子，很听话，她的爱好很少，别的孩子上这个班那个班，问她想不想上，她都说没兴趣，爸爸妈妈很着急，怕她的个性太静了，也太呆了，过于循规蹈矩会缺乏想象力，因此很想用一种什么办法激发她的想象力。

彤彤的爸爸特别爱看书，有一书柜的书，彤彤偶尔会到爸爸的书架上翻一翻，拿一本来看，虽然看不懂，但她的样子却非常认真，甚至入迷，这个现象被妈妈看到了，妈妈想："难道彤彤喜欢看书？"

于是，妈妈特意买了几本儿童书，放在爸爸的书柜里，果然，彤彤再去翻爸爸的书时，发现了那几本书，立刻认真地看起来，没几天就看完了。于是妈妈又给她买了几本，直接把书拿给她，并问她："彤彤是不是喜欢看书啊？"

"嗯。"

"那妈妈以后多给你买书。"

"好！"彤彤开心地笑了。

自此以后，彤彤爱上了看书，因为爱看书的缘故，她的作文写得也比同学们要好，那些极富感染力的语句和充满想象力的境界，和彤彤看书多、想象力丰富大有关系。彤彤的想象力密码被她的妈妈无意之间激活了！

技巧

激活孩子的想象力密码，有时就是这么容易，就在不经意之间，越是刻意越是发现不了孩子的爱好，孩子也许还会有抵触情绪，所以，学会在生活中观察孩子，在不知不觉中撒下诱饵，如果孩子能够"主动上钩"，那证明你的方向对了，孩子的想象力基因被你"钓"出来了！

下面，让我们再教几招"钓"出孩子想象力基因的方法。

1.给孩子一个良好的家庭环境。

其实每个孩子都有想象力基因，这种基因就像一粒未发芽的种子，必须有适宜的外部环境，它才会生根、发芽、成长直至成材。所以父母要为孩子提供一个适宜的外部环境——良好的家庭环境。

例如父母可以有一些自己的爱好：读书、音乐、弹琴等等，如果父母充满情趣和想象力，孩子的想象力基因很容易被激发。或者你的家里有很多书、唱片、一架钢琴、有创意的小物件等等，孩子从小在这样一个浪漫、有情调的家庭环境里长大，很难不会形成自己的爱好和想象力基因。就算一时发现不了孩子的兴趣所在，随着孩子年龄的增长，孩子的兴趣和想象力基因也会被你慢慢"钓"出来。

2. "钓"出孩子的想象力基因要循序渐进。

孩子的想象力基因不是鞭炮，一点就着，不可能一蹴而就，需要慢慢的培养，所以如果一时"钓"不出孩子的想象力基因，不要着急。孩子的兴趣要慢慢发现，孩子想象力的培养也要循序渐进，舞蹈、音乐、画画……多给孩子几种选择，多给孩子一些时间去选择，让孩子慢慢弄清楚自己的兴趣到底是什么，找到了孩子的兴趣以后，也不要期望孩子的想象力会在一夜之间突飞猛进，这需要锻炼，需要时间和空间，孩子的想象力才会飞一般地增长。

束缚，孩子想象力的第一杀手

关键词

放开手脚，摆脱束缚，解放思想，自由空间。

指导

　　小树苗若被捆绑了手脚，怎么可能长大？一个人的思想被禁锢了，怎么可能自由发展？孩子的思想若被束缚了，怎么可能有丰富的想象力？谁都渴望得到自由，谁能渴望得到解放，何况是天性自然淳朴的孩子。

　　鲁迅先生认为：觉醒的父母懂得"解放"自己的孩子，给他们空间，给他们阳光，让他们幸福地度日，自由地成长。鲁迅先生所说的解放就是解放孩子的思想，解放孩子的行为，不束缚孩子的灵魂。

　　限制孩子什么都不能说、什么都不能想、什么都不敢做，那孩子犹如在你画好的一个圈圈里活动，圈外的世界他没有机会接触，所以无从了解，也就很难有丰富的想象力。束缚，成了孩子想象力的第一杀手。

所谓创造就是要突破原有的一切，所以，想要有想象力就要突破禁锢，摆脱束缚，孩子的思想犹如一个渴望飞翔的小鸟，父母的束缚就是给他营造了一个没有阳光的黑屋子，孩子在这样的黑屋子里几欲飞翔，却四处碰壁，时间久了，就失去了飞翔的能力。

孩子的天性就是自由奔放，所以请父母给他们一个自由奔放的空间，这个空间可以无限大，像天空一样辽阔，像大海一样无边，孩子的想象才会有腾飞的可能。而父母的束缚就是给了孩子一条狭窄的路，这条路未必适合孩子的天性，限制了他的想象力，也抑制了他飞翔的欲望。原本他有腾飞的天分，现在却失去了飞翔的双翼。

所以，当孩子不停地问你"为什么"的时候，请不要厌烦孩子的问题太幼稚；当孩子爱玩、贪玩甚至淘气的时候，请不要大声呵斥孩子；当孩子因好奇弄坏了家里的东西的时候，请原谅孩子，他只是想象力"发作"；当孩子作文中出现了浮想联翩、无厘头的语句时，请不要批评孩子"胡说八道、胡思乱想"，因为这些都是孩子想象的火苗在不断闪耀。

其实，对于那些想象力异常丰富的孩子来说，他的想象无法被束缚，他总是能挣脱束缚，找到出口，让想象力直冲云霄。因为，人的思想很难被束缚，你能束缚孩子的身体，但他的想象却早已飘到九霄云外。

所以，不如早点还孩子自由，让他们大胆地去想、去说、去做，给了孩子想象的空间，犹如给了孩子一片蔚蓝的天空，孩子张开飞翔的翅膀，会越飞越高。

案例

有一个小孩，他看到妈妈新买了一块怀表，感到非常新奇，这东西他没见过，趁妈妈不在家的时候，他把那块怀表偷偷拿出来研究："为什么这里面的针会走呢？是什么在控制的呢？"他非常想知道。于是他把怀表拆开了，但怀表里的指针不会走了，而且，他也无法将怀表复原。

这时，妈妈回来了，看到心爱的怀表被儿子弄坏了，气坏了，狠狠把孩子揍了一顿，并把这件事告诉了孩子的老师，希望孩子的老师帮她教育教育她的孩子。

谁知老师听了她的话，非但没有生气，还幽默地说："一个中国的'爱迪生'被你枪毙了。"

老师建议说："孩子弄坏了你的怀表，是他的好奇心和想象力在作怪，你揍了他，他以后恐怕不敢再好奇地想象了，因为你对他的束缚，孩子的想象力从此被你谋杀了，你说哪个更不值得。"

这位母亲听了老师的话，恍然大悟，着急地说："那我应该怎么补救呢？"

"带着你的孩子一起到钟表修理铺，让孩子看看这块怀表是如何被修好的，孩子学会了修表，一件坏事就变成了好事，同时也满足了孩子的好奇心，激发了孩子的想象力。"

这位老师如此懂得解放孩子的思想和行为，因为他知道如何保护孩子的想象力，他就是我国著名的教育家陶行知先生。

技巧

孩子的想象力在刚刚萌芽的时候，生命力并不顽强，如果父母不小心呵护，随意一句话、一个行为，都会扼杀孩子的想象力。还好在故事中，陶行知先生懂得如何保护孩子的想象力。其实，只要父母放手，让他去想、去做，孩子的想象力才能真正得到释放。

1.不要轻易否定孩子的想象。

孩子的想象各具特色，无论夸张也好，不符合事实也罢，都不要随意去否定，因为想象本来就没有规则和规律，不受任何的限制。

例如三对父母带三个孩子一起去看画展，看到一幅绿太阳的画，第一个孩子说："太阳是绿的？这怎么可能？它明明是红的。"第二个孩子说："哇！太阳是绿色的！生活太奇妙了！"第三个孩子说："我很好奇，绿色的太阳是怎么演变出来的？"听着他们充满想象力的语言，父母们微笑不语。

这三个孩子对同一件事物有不同的想象，无论什么样的想象，他们的父母都没有去否定，不束缚，才能保护孩子的想象力。

2.父母也要解放自己的思想。

父母是孩子最好的镜子，父母勇于解放自己的思想，才有可能不束缚孩子，孩子也才有可能充满想象力。因此，父母说话做事不要太因循守旧，不要缩手缩脚，放开手脚，勇于开拓，对未来、对一切充满想象力。不束缚自己，才更容易包容孩子的一切想象。

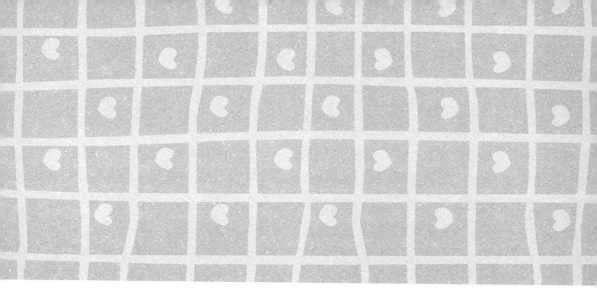

第三章
想象力的核心关键词

　　激活想象力，这只是提升想象力的第一步；接下来，我们就要掌握想象力的核心关键词，为进一步的腾飞打好基础。知识面、联想力、好奇心、创造力、发散思维能力、逻辑推理能力、动手能力、童心……这些都是属于想象力的核心驱动力！

想要提升想象力，
先让孩子产生兴趣爱好

关键词

真正的兴趣爱好，父母的引导，孩子的主观能动性。

指导

俗语常说："兴趣是最好的老师。"

幼年时期，孩子就会逐渐形成一些自己的喜好，有的孩子喜欢游泳，有的喜欢画画；有的喜欢与人讨论，有的喜欢静静地思考。

为什么会如此？这是因为他们的个性完全不同，所以兴趣也会也有着明显的区别。而对于父母来说，一定要及时了解孩子的兴趣所在，看看孩子究竟在哪些方面才是最感兴趣的，以此激发孩子的想象力，效果才会更加显著。

因为，兴趣就像孩子身上一个小小的火苗，只有经过父母的鼓励，才可能会产生想象力的燎原之势。

虽说孩子的兴趣爱好来自于他们的天性，可是父母的引导是其中不可缺少的一环。6~12岁这一时期是培养孩子兴趣的最佳时期。对于处于这个阶段的孩子来说，神经系统发育迅速，能适应和接受一些技巧、技能的训练，所形成的兴趣爱好一般比较稳定，并且具有一定的自控能力。在这样一个黄金阶段，父母更应该抓紧时间培养孩子的兴趣爱好。

要想让孩子在自己感兴趣的地方激发想象力，父母们必须下狠功夫。在日常生活中，一定要认真观察分析孩子的兴趣爱好，看看孩子真正喜欢的是什么，从而发现和寻找孩子的天赋。还可以通过启发和诱导孩子，从一些小事情中发现孩子的兴趣所在。

例如，发现孩子比较喜欢玩水的时候，也许他正想要学习游泳；如果他对色彩比较敏感的话，也许他身上有潜在的绘画天赋……总之，父母需要在这些小事上面注意。

当然，父母在引导的过程中，很多时候都出现了行为过当的现象。他们过分勉强孩子去学习，把自己的主观意愿当成了孩子的兴趣，比如说某父母看见孩子有一天高兴地唱起了歌，就以为孩子身上有着发达的音乐细胞，于是给孩子报音乐班，可实际情况是，孩子那天恰好在幼儿园学了一首新歌，因为感到新鲜才唱了起来。这样的孩子也许过不了多久就会感到疲倦和乏味，那个时候他就自然不愿意再去想象生活。因为，生活给他带来的，是一种无奈和灰色。

案例

有一天，一个小男孩正在院子里玩，突然，他指着那些小草问妈妈道："妈妈，这些小草是怎么长出来的啊?"

妈妈听了以后，笑着回答道："是从泥土里生长出来的，还有好多东西都是从泥土里面长出来的。"

"这么说小狗也是从泥土里面长出来的?"小男孩接着问道。

"动物是不能从泥土里长出来的，小狗是狗妈妈生出来的。"妈妈答道。

"那妈妈是怎么来的?"

"上帝造出来的。"

"那上帝呢?"看上去，小男孩似乎要打破砂锅问到底。

这时候妈妈摸了摸小男孩的头，说道："这个问题我也不知道，其实世界上还有很多未知的领域。等你长大了，就用知识去解开这些谜团吧。"

听了妈妈的话之后，小男孩就在心里暗暗下定决心，长大以后一定要研究那些人们所不知道的东西。这个小男孩子就是伟大的生物学家——达尔文。

技巧

通过一件很小的事情，敢于想象的小达尔文找到了自己最想要做的事情。也正因为如此，他才能够在生物进化领域取得如此杰出的成就。而在这其中，妈妈对他的鼓励和引导也是不可或缺的，父母们也可以从中获取一些启发。

1. 了解孩子真正的兴趣爱好。

由于还没有丰富的社会阅历，孩子本身就对这个世界充满了好奇之心，所以从表面看上去，他们似乎对很多事情都饶有兴致，这个时候，父母们就要学会练就一双慧眼，了解孩子真正的兴趣爱好，然后在这个基础之上去培养孩子的想象力，效果则会更加显著。

2. 不在于多，而在于专。

一心多用时，注意力难免会被分散，最终造成"一瓶不满、半瓶晃荡"的结果，如果同时在很多方面去培养孩子的兴趣，不但不会培养出孩子真正的兴趣，更会导致在各方面都很难有更大的突破。这就好比在很多方面同时去拓展孩子的想象力，结果只能是捡了芝麻丢了西瓜。

3. 在兴趣爱好的基础上给想象插上翅膀。

除了发掘孩子的兴趣爱好之外，父母还有一项更重要的任务，那就是引导孩子在自己兴趣爱好的基础之上开拓他们的想象力。

这不仅仅是简单的引导，还需要父母在充分尊重孩子意愿的基础上去进行拓展。比如说只有真正了解了孩子喜欢绘画之后，再帮助他们去想象一些美丽画面以及如何构图才会显得更有意义。

送给孩子五彩画笔

关键词

给孩子一支画笔，不要设限，引导孩子的兴趣，色彩想象力。

指导

"孩子们怎么能有如此惊人的创造力！"不少成人画家看了孩子的画之后，都不禁产生这样的感叹。

的确，在图画的世界里，孩子们大多都有着天马行空的想象力，他们用手中的画笔在画纸上任意挥洒，勾画出自己脑中的画面，完全是率性而为，不受任何约束。而很多成年画家则很难摆脱作画技巧的影响，一位世界级绘画巨匠就曾说过："我花费了一生的时间才学会了像孩子那样画画！"

因为受年龄的限制，语言表达可能并不是孩子们所擅长的东西，也许他们更愿意用手中的画笔来表达自己的心中所想。只要他们愿意，画纸上没有任何繁琐的规矩，想画什么就可以画什么。当孩子握紧手中的画笔，由他们自己来决定事物的形状和颜色，这个时候，他们作画时的情绪也能够跃然纸上。

儿童画作之所以能够充满奇思妙想，鱼在天上飞，鸟在水中游……恰恰是因为孩子身上那种丰富的想象力。不可否认，他们所画的内容有时候可能不符合生活中的常识性逻辑，可是这至少证明了孩子那丰富的想象力。在孩子的画里，我们可以看到小狗长出了翅膀，小鱼离开了水同样可以生存，鲸鱼的肚子也被他们想象成巨型的、能载客跑长途的潜水艇等等。只要拥有想象力，在他们看来，没有什么是不可能实现的。

然而，有的父母可能会认为，孩子沉迷绘画可能会形成自闭性格；还有的父母总是按照正常的作画技巧来严格要求孩子，其实这些都是完全没有必要的担心。父母大可以放心地给孩子一支五彩的画笔，让孩子尽情地挥洒自己的想象力吧。

案例

小文在很小的时候就对画画很感兴趣，总是喜欢拿着画笔画一些奇奇怪怪的东西，比如说长了脚的小鱼，在天上飞的大象，在水里游的兔子……妈妈看到这些图画之后，觉得小文在绘画方面非常有天赋，于是就给她报了美术特长班。在平时，她也总是喜欢指点小文，总对她说这样的话：

"小文好好画，你就不能画一个长城出来吗？"

"小文，天上怎么可能有鱼？不许这样画！"

就这样时间久了，妈妈却发现，小文对画画的兴趣反而下降了，总是恳求妈妈可不可以不要去上课。看了她画的东西之后，妈妈也发现她的作品里面少了一些灵气和想象力，都是一些中规中矩的东西。

不得已，她去求助老师。老师叹息道："哎，你让孩子参加美术班是一件好事，因为她的想象力很丰富，是一个画家的苗子！可是，你总是给她那么多的条条框框和所谓的理智，结果把她的想象力给扼杀了……"

技巧

从这个案例我们可以看的出来，参加美术特长班之后的小文，想象力受到了很大的限制，因为不能够按照自己的意愿来作画，自然而然的兴趣也就会越来越小。这个故事其实也给广大父母们敲响了一个警钟，我们不仅要给孩子一支五彩的画笔，更要帮助孩子学会运用手中的画笔勾画出五彩斑斓的世界。

1. 不要给孩子设定界限。

条条框框的设定是最容易限制一个人的想象力的，对于孩子来说更是如此。这就好比是一张纯净的白纸，我们没有必要去限定它一定要有什么样的用途。因此，父母在引导孩子学习绘画的时候，不要给孩子提出太多的限制条件，不但孩子们会不耐烦，也会增加父母的负担。

2. 不可或缺的鼓励。

对于孩子来说，父母一个小小的鼓励都能够给他们最大的动力。因此，当父母在欣赏孩子画作的时候，一定要多说一些鼓励的话语，比如说："孩子，你真棒！实在是太有想象力了！"又或者是"宝贝，爸爸妈妈为你而感到骄傲！"虽然这些都是一些很普通的赞赏话语，但是对孩子所起到的积极作用是非常巨大的。

3. 父母引导孩子画画的兴趣。

其实，孩子画画的兴趣也经常需要父母的引导，有空闲时间的时候，妈妈可以和孩子一起拿起画笔，不要担心你是否有高超的画技，也不要在乎你是否有美术功底，完全按照自己的想法来画吧，拥有丰富想象力的孩子自然能够发现你画作的精彩之处。也许你画的苹果并不够圆，孩子却可能会说："好大的梨啊！"听到这样的话，你还担心自己不会画画吗？

"白日梦"提升孩子的想象力

关键词

鼓励孩子的"白日梦"，充足的思考时间，属于自己的领地。

指导

"我梦到自己成为了一个美丽的公主，在富丽堂皇的宫殿里等待王子的到来。"小丽说道。

"你看你，又在白日做梦了。"朋友小华笑着说道。

像这种做白日梦的情况，相信孩子都有过这样的经历。我们只认作这是痴人说梦，殊不知，这里面也蕴藏着丰富的想象力。

在这个世界上，通常都是只有想不到，没有做不到的事情，要想培养孩子的超强意识，就要鼓励他们大胆去想象。而一个喜欢做"白日梦"的孩子，恰恰说明他们是充满想象力的人。

　　有很多孩子在给父母讲述自己所做的"白日梦"的时候，经常会引来父母的嘲笑和训斥，认为这是不切实际的表现，终日瞎想是不肯努力的一种表现，最终不会产生任何的"实际效应"。

　　可是经过科学家的研究表明，"白日梦"可以让人变得聪明起来，调查报告显示：人在做"白日梦"的时候，大脑细胞的运动就呈现出一种非常活跃的状态，容易迸发出一些奇特的灵感，想象力也非常的丰富，使人自觉地陷入一种美好的冥想状态之中，人的心智和自身的创造力都能够得到很好的开发。现实中的很多情况也可以证明，很多科学奇迹就来源于科学家幼年阶段的"白日梦"。

　　由此可见，想要开拓自己孩子想象力的父母，不但不应该禁止孩子做"白日梦"，相反，还应该鼓励孩子大胆地幻想，为孩子开辟一条通往成功的康庄大道。

案例

　　林清玄，这是我们很熟悉的台湾作家。很多人都在问，为什么他能成为一名作家，他总是淡然一笑，然后说道："因为我年幼时的一个白日梦。"

　　林清玄还很小时，经常在乡村的路边上玩耍。有一次，他坐在路边，看着太阳发愣。父亲经过这里，觉得很好奇，于是问道："你在做什么呢？"

　　林清玄说："爸爸，我在想如果长大后可以不用下地该多好啊！"

　　爸爸说："那你怎么赚钱？"

　　林清玄说："我坐在家里，有人会给我寄钱！"

　　爸爸笑了，说："做什么白日梦呢？赶紧干活去吧！如果你不会耕地，那么以后连饭也吃不上了！"

虽然父亲的批评，让林清玄有点失落，不过他没有忘记自己的梦想。上了学后，他还是很喜欢联想，一次看到了书上的金字塔，又有了新的白日梦。

"爸爸，我将来一定要去埃及看美丽的金字塔！"

爸爸听到他这么说，不禁有些生气，说："你这孩子，每天怎么总是说胡话？真不知道，你是怎么想的！我看别说埃及，你能在咱们这个山沟里好好活着，我就满足了！"

父亲的话很难听，但林清玄并不在意，而是坚定地做着自己的"白日梦"。他拼命地学习，终于考上了一所名牌大学，毕业后成为一名记者，而且他还利用业余时间搞文学创作。渐渐地，他的作品出版了，并取得了很好的市场反馈，成为了一代著名的散文家。这个时候，他实现了梦想——坐在家里就能获得收入。至于去埃及看金字塔，这更成为了轻松的事情……

技巧

也许你会觉得：林清玄做的是一个不切实际的"白日梦"，可正是因为有了自己的坚持，终于在文学领域占得了一席之地。父母们也可以通过这个故事，采取正确的态度来面对孩子"白日梦"的行为，并通过适当的方法将他们引向成功。

1. 让孩子拥有自己的私人领地。

给孩子一个属于自己的地盘，可以让他们少一些自我约束，多一些思维发散的空间。比如父母可以根据孩子的喜好来装饰他们的房间，营造出安静而轻松的环境，并让孩子意识到这是完全属于他自己的地方。这可以帮助他们完全放飞自己的思想，做出缤纷的"白日梦"。

2. 让孩子有充足的思考时间。

有的父母认为孩子做"白日梦"是一种无所事事的表现，这恰恰是一种错误的观点，因为这正是孩子想象力发散的阶段。所以，我们不妨每天给孩子一个小时左右自由思考的时间，不要求他做任何事情，也不要求他达成什么具体的目标，他们可以尽情地做自己的"白日梦"。当孩子说出自己做的"白日梦"时，不管内容再怎么不合常理，父母都要进行鼓励和肯定，以激发其想象力。

巧做游戏，拓展孩子想象力

关键词

鼓励孩子游戏，设计游戏，父母参与游戏。

指导

　　孩子们都比较贪玩，这也是他们的天性之一。若想要培养他们的想象力，就应该顺应他们的天性。

　　只要细心观察游戏中的孩子，我们就可以发现，他们的身上都有着丰富的想象力，当怀抱玩具娃娃时，他们会把自己定位成一个慈爱的父母角色；把一些小凳子按顺序排列起来的时候，他们也许会把它看成是一辆正在驶向远方的火车；在沙滩上堆房子的时候，他们会把自己当成是房子的主人。

　　就是在这些不同的游戏中，孩子们给自己设定了不同的角色，在每个需要角色扮演的游戏中，孩子们都会极大地利用自己的想象力，让自己尽可能地和那些真实的形象更接近。

　　置身游戏之中，孩子首先要学会模仿，这对他们的观察力可以说是一种极其有效的锻炼方式。然而仅有这些是不够的，孩子还会开动头脑中有关"想象力"的机器，而且需要高速运转。运用一个简单的例子来说明就是，孩子在游戏中通过模仿和观察知道了 1 和 2，经过自身的想象力，他们会逐步发现和掌握，这就是一种非常大的进步。

　　对于父母来说，我们要看到做游戏对孩子成长的益处，并且学会运用合理的方式来引导孩子如何在游戏中得到更多的锻炼，同时，还要规避那些可能会对孩子造成的不利影响。

案例

　　在午后的小区门口，一群小伙伴规规矩矩地坐成一排，扮演"西瓜"的角色，其中还有一个小伙伴扮演"看瓜人"。待一个个"西瓜"坐好之后，看瓜人会伸一个懒腰，打个呵欠，说一声："月亮上来了，该睡觉啦！"说完便把头伏在胳膊上"睡"了。

　　这个时候，一个扮演"偷瓜人"的小伙伴就会蹑手蹑脚地走过来，用手在"西瓜"的脑袋上一个一个摸过去，说一声"还没熟呢！""西瓜"们闭着眼睛忍住笑，过了一段时间之后，"看瓜人"开始佯装醒了过来，抓住了"偷瓜人"。

技巧

在这个游戏的过程中，孩子们设定了非常有趣的游戏情景，勾勒出了一个生动活泼的生活画面，一会儿是看瓜的人，过一会儿可能又是偷瓜的人或是西瓜，这种灵活自由的组织，可以说让孩子的想象力得到了最大限度的展现。

在孩子游戏的时候，家长们不妨也加入孩子的想象之旅，如果孩子邀请你一起加入"偷瓜"的行列，索性就参与其中，和孩子们完成一次"想象"的互动。除此之外，父母还需要在哪些方面注意呢？

1. **多鼓励孩子去做游戏**。

有的父母可能会认为孩子做游戏是不务正业的表现，纯属浪费时间。有这种想法的父母应该及时转变观念，让孩子多参加那些益智的小游戏，既愉悦了身心，也拓展了孩子的想象力。

2. **让孩子自己设计一些小游戏**。

一般情况下，孩子们在游戏中都是全身心地投入，在注意力集中的时候进行想象力的拓展就会更加容易。比如说，在周末休息日的时候，父母可以鼓励孩子开发一些适合全家人玩的游戏，这不仅是对孩子想象力的培养，也巩固了家人之间的感情。

3. **父母也应加入游戏的行列**。

不要认为游戏只是孩子的事情，事实上，父母的参与往往能够激发起孩子更大的兴趣，他们的成就感也会得到大大的提高。因此在游戏中，父母一定要尽量地去配合孩子，并且及时给予赞赏。当然，也可以适当地给他们提供一些建议，但一定要用柔和一点的语气。

发散性思维提升想象力

关键词

发散性思维可以提高想象力，大胆去思考，假想，多向思维。

指导

一棵大树如果只有一条枝干，看上去难免会有一些单调；如果枝繁叶茂的话，看上去就会生机勃勃。

大树如此，我们的思想也是如此。

所谓的发散性思维，用一个具体形象的例子来表述就是：从一个点出发，我们可以引出很多条射线，每条射线都不同。换句话来说，对待同一个问题，我们用不同的方式去考虑，就能够得出很多不同的结论。

对于孩子来说，能够想到通过一个点可以引出很多条射线就是一种发散性思维，可是如果缺乏想象力，他们也许只会想到一条射线，由此可以看出，发散性思维对我们想象力的拓展有着非常重要的作用。

美国心理学家吉尔福特曾经提出，发散性思维可以让孩子们的思考变得更加细致、更加全面，而且因为其中那丰富的想象力，不同的思维个体获得的答案各不相同，但却都是新颖不俗的。而这些特质，更是创造力不可或缺的条件。比如说，一家人准备星期天去郊外游玩，一般的孩子可能只想到自己要怎么玩，具有发散性思维的孩子很可能就会想象到天气的情况，自己需要带什么必需品的问题。

对于现在的孩子来说，他们的思想本身就还没有受到太多条件的约束，只要稍加培养，就会养成发散性的思考方式。同时，以这种思维方式为依托，孩子的想象力也会得到飞跃式的发展。

案例

"一根铅笔，能做什么？简直是开玩笑！"

在美国，一家高校列出了这样的一个作文题目，顿时引得很多人诧异。在他们看来，这样的作文是根本没有意义的，甚至是羞辱人的！因为，谁不知道这样的常识问题呢？

然而，这所学校的学生们却并没有这么想。当他们的作文公布时，所有人都大吃一惊。对于铅笔的用途，这所学校的学生列出了如下一些答案：

当作礼物送给朋友；

做一个玩具车的轮子；

到了中国可以当作筷子用；

削尖的铅笔，是一件极佳的防身武器；

……

这时候，那些原来否定这个作文题目的人们才意识到：原来，这并不是一篇作文，而是一次想象力的发散之旅！顿时，所有的掌声都送给了这些学生。

技巧

这个作文题目可谓很另类，它教给学生的思考方式就是发散性思维，让学生充分发挥自己的想象力，从铅笔这一个点按照形状、功用、效用等多个方向进行思维发散，给铅笔设定更多的用途。通过这种不局限于常规的想象，可以得到很多意想不到的答案。

其实，人的这种发散性想象力是可以通过锻炼而提高的。那么，父母应该怎么启发孩子呢？

1. 让孩子从生活中发散思维

正如案例中的美国学校一样，他们是通过生活中的常见品——铅笔来锻炼学生们的发散思维。同样，父母在鼓励孩子进行想象力扩散时，也应当尽量从生活的角度入手。例如，我们可以拿出一个苹果对孩子说："你会想到多少种吃法？"

结合生活的想象力发散，会比单纯地胡思乱想更有效果。因为，这样孩子想象起来才会更容易，因为他们有相应的生活经验；同时，他们的想象力也会更加合理，而不是因为的确不了解，就开始不加思考地胡说八道。例如，你问他"原子碰撞会是怎样的"，他也许一句话也说不出来。因为，他根本不知道什么是原子，什么是碰撞，所以注定无法去想象。

2. 让孩子学会假想。

世界上的很多发明其实都来自于假想，它们看上去也许不太切合实际，但是通过努力，都变成了现实。要想让孩子拥有丰富的想象力，就一定要让他们学会假想。压力锅的诞生过程就是巴本通过比如"如果压力升高，水的沸点也会升高"等无数个假想设问，从而得出的思考结果。

这个方法，父母们完全可以借鉴过来。例如，"如果你在一座大山里，手边没有任何锅，但是你要吃饭了，你该怎么做？"这时候，孩子就会假想自己处于深山之中，展开自己丰富的联想。

3.多多利用想象力游戏

不可否认，有的孩子思维散发能力有限，很难迅速做到这一点，这时候父母不妨通过游戏循序渐进地进行指导。例如，多让孩子讲故事，然后尝试给故事写结尾；再如经常和朋友竞赛，然后在进行到一半时猜测谁能赢，从而一点点地激发思维能力。孩子是热衷于游戏的，当他在游戏中能够拓展想象力，那么自然就会逐渐引申到生活中。

留意孩子的从众心理

关键词

增强自信，独立思考，父母的引导。

指导

从众心理，顾名思义就是人云亦云，时刻跟随别人的脚步，当一个人缺乏个性和不自信的时候，非常容易产生这种心理。

这种心理的出现，其实和几千年来的封建传统思想有着密不可分的关系，我国古代历来就有"枪打出头鸟"等说法，时至今日，这种思想仍然有着非常强大的影响力。很多父母都有这样的心理，言传身教之下，孩子幼小的心灵难免也打上了从众的烙印。

随着社会的进步和发展，我们可以看到这种心理其实是阻碍社会进步的。正是一个个看上去不切实际的质疑和天马行空的想象，我们的社会才得以呈现高速发展的态势。倘若每个人都固步自封，一直沿袭着前人的传统，久而久之，我们就会被这个时代所淘汰。

对于孩子来说，一旦养成这种从众心理，他们就会丧失挖掘自身潜力的斗志，更不会对未知的事物保持强烈的好奇心，更别说会有丰富的想象力和创新精神了。因此，对于父母来说，一定要留意孩子是否有了这种从众心理。

一旦发现孩子有不好的苗头之后，父母要给孩子合理的疏导教育，切记千万不要急于求成，要用足够的耐心去一点点教育孩子，这样时间久一点，孩子就可以逐渐摆脱从众心理，重新找回自信和张扬的个性，想象力也会随之而迸发出来。

案例

1963 年的某一天，姆佩姆巴准备自己动手做冰淇淋，他先在热牛奶里加了糖。这时候他突然想到，如果要等热牛奶凉后再放入冰箱，恐怕冰箱早就被其他的同学占满了，想到这里，他便把热牛奶塞进冰箱。让人没有想到的是：姆佩姆巴的热牛奶比别的同学的冷牛奶结冰要快得多！但是这一发现并没有引起旁人足够的重视，老师和同学们反而把这当成了一个大笑话。

然而，人们的嘲笑并没有让姆佩姆巴感到不好意思，他觉得很有必要弄清楚这到底是怎么一回事。于是他求教于达累斯萨拉姆大学物理教授奥斯博尔内博士。随后，奥斯博尔内博士做了同样的实验，结果显示：确实存在这种热水比冷水结冰快的自然现象。

因为姆佩姆巴坚持自己的意见，而且努力证实，最终向别人证实了自己是正确的。

技巧

在当代中国的教育模式中，采取的都是灌输式的方法，孩子在做什么事情之前，都会有老师或者是父母去演示，这样孩子们的想象力和创造力不但被扼杀了，孩子的思维也被固定住了，最终出现了盲目照搬的现象。

那么，父母应该如何帮助孩子克服这种心理，规避这种心理呢？

1. 让孩子自信起来。

自信心是自我意识的重要组成部分，是对自我能力的一种肯定。有的孩子认为自己干什么都不行，总觉得不如别人，而这大多来自于别人给自己的评价。再加上有的父母也许会拿自己和别的孩子对比，孩子的个性自然而然也就被同化了。

其实，父母完全可以帮助孩子丰富他们的知识，使他的能力从各方面得到提高；创造一些可以让孩子展现自我的机会；给他们足够的自由和独立思考的空间。只有这样，孩子才可以拥有真正的想象力，让思想飞起来。

2. 让孩子拥有自己的思想。

要想避免从众的心理，就一定要让孩子有自己的主见。而这种独立的思想父母更应该是从小培养，敢于想别人不敢想，敢于大胆提出对别人思想的质疑，只有这样，孩子的思维方式才能够完全打开，更具有创新精神。

此外，父母还要注意，坚持自我并非固执己见，对待别人的忠告和建议也应该有选择地采纳，在这方面，父母的引导就显得尤为重要了。

用赞美提升孩子的想象力

关键词

赞美，孩子的信心，想象力，乐观的心态，自主幻想。

指导

我们已经说过，为什么中国的孩子想象力不够？很大程度上，是因为中国的父母太过严肃，总是一副"恨铁不成钢"的样子，对孩子要求这、要求那，听不得孩子的想象，总是认定孩子在胡说八道。

这么做的结果，不仅使孩子的想象力大打折扣，甚至还会激起孩子的强烈逆反情绪，抵触父母的教育。

所以，唯有赏识教育，才是提升孩子想象力的关键。简而言之，就是赞美。

没有一个孩子不喜欢赞美的语言。哪怕孩子有很多缺点毛病，他们也都希望得到表扬、肯定和鼓励。因为即使成绩再不好的孩子，他们也有自己的幻想：也许，他们想成为一名足球明星；也许，他们渴望飞上太空；也许，他们想做一名优秀的厨师……总之，无论成绩优异与否，他们都有着和尖子生同样的想象力！当这些想象力得到父母的表扬和鼓励时，他们会在精神上受到激励，在思想上产生快感。反之，如果总听到父母的训斥，他会认为连自己的父母都不爱自己，因此思维能力越来越低，最后，原本属于他的想象力财富，也因此付诸东流。

正因为如此，有教育学家提出了这样的观点："赏识是孩子生命成长的阳光、空气和水，是他们进步的最大动力！"

其实，父母不妨换个角度想想：一个人只要被称赞，那么心里就会对生活充满热情，这样，就可以发挥出超乎寻常的能力。而孩子也是如此，他们同样需要欣赏的目光或言语来激励自己。所以，无论孩子的成绩优异与否，对于他们的想象力，我们都要做出积极的鼓励。正如爱迪生、爱因斯坦、郑渊洁，他们上学时的成绩，有几个是出类拔萃的？但正是父母对于想象力的那份呵护和赞扬，让他们取得了同样惊人的成绩！

案例

五年前，萨菲娜和丈夫从俄罗斯移居到美国生活。一年后，他们的儿子出生了，不过妈妈的英语水平很低，有时候甚至还不知道儿子说的是什么。当儿子进了幼儿园后，有时候她会感到与儿子的交流更难了。也正因为如此，儿子的英语成绩也很一般，算不上优秀。

为了让自己的英文能力能够迅速提升，儿子便把各种英文单词用谐音和图案的方式写在墙上，每天都会看上一会儿。爸爸有些生气，但妈妈拦住他说：

"别这样，孩子这是在用自己的想象力去学习呢！"然后，她还会对儿子说："加油，妈妈觉得你的这个方法棒极了！"

不仅如此，每当有客人来家里，萨菲娜都会指着儿子的作业说："看，我儿子写得多棒，他可比他妈妈厉害多了！"

那些美国朋友看了，也一起哈哈大笑了起来，说："不错，不错，真是不错！小家伙可真有想象力，想到这种方法学英语！"

其实，这些美国人知道，孩子的很多单词都已经标错了。但是，他们怎能挖苦这样努力的一个孩子呢？也许不经意的一句话，就会让孩子的想象力彻底消失，从此再也说不好英文！因此，他们会偷偷地将孩子出错的地方改正，但绝不会嘲笑孩子的任何错误。

大人们的赞扬，萨菲娜的儿子自然听到了耳朵里。在自己的这种"另类自学"方式下，他的英文水平得到了迅速提升。不到一年的时间，他的口语已经和当地人完全无异了。

技巧

萨菲娜的儿子为什么会有那么优秀的表现，关键就在于萨菲娜懂得欣赏孩子，即使他做的并非那么好。萨菲娜的教育方式，也许会让我们有很大感触。

欣赏孩子，这是父母在教育中必须坚持的方式。当然，欣赏并不是单纯地赞扬，而是应当借助各种手段，这样孩子的想象力才能更快地提升。

1. 告诉孩子的优势。

对于有些自卑的孩子，我们要让他懂得自己的优势，帮助他去幻想。例如，你的孩子不敢上台表演节目，这个时候，你不妨帮助他去做这样一个梦：

"你也很棒啊，我相信跳舞你一定比他们厉害！"

这个时候，孩子也许会说："可是，我该怎么做呢？"这个时候，你不妨引导他进行自我幻想："我觉得你的手臂很灵活，是不是有什么注重手部运动的舞蹈呢？"此时，他就会进行相关的想象，找到适合自己的项目。以此类推，他会不断发现自己的优势，从而提升自信，敢于幻想！

2. 借助他人欣赏孩子。

也许，有时候父母的直接帮助，并不一定能够激发孩子的想象力。这时候，我们不妨借助他人的力量。因为，孩子有时会更加看重别人的赞美，兄弟姐妹、叔叔、阿姨等孩子周围的人，会让他感到："原来爸爸妈妈说得没错，我的确在某方面有特长，那么我就应该做到更好！"例如，如果孩子在其他长辈的口中听到："孩子，姑姑可真没想到，你还有这么强的动手能力！你再想想，看看还能不能再帮姑姑做一个东西？"这种间接的赞美不留痕迹，能使孩子自然而然地相信，因此会去主动想象。

当然，父母也一定要和亲戚朋友强调：在这个过程中千万不要表现出取笑或刻意赞扬的态度，否则孩子会觉得这不过是客气话，只是敷衍自己罢了，对想象力的提升并没有帮助。

给孩子走进社会、感受社会的机会

关键词

开阔眼界，激发创新能力，关注信息，参与集体。

指导

都说社会是一个大课堂，大大小小的学问都隐藏其中，在现实的生活中，我们可以学到更多更实用的知识。

对于孩子来说，他们的主场是学校和家庭，但是适当地与社会有一定的接触，也是非常有必要的，不仅可以为他们以后踏入社会，少走弯路做准备，在培养孩子想象力方面，也有着非常重要的作用。

从书本上或者是老师和父母的言传身教中，孩子固然可以学到很多知识，可是这并不代表孩子就拥有了足够的智慧，一个人的聪明才智并不在于他积累了多少的知识，而在于他是如何处理和最大限度地利用这些知识的，而这一切，都离不开一个丰富的想象力。

如果永远都把孩子的活动范围局限在一定的空间里面，缺乏和社会的充分接触，这样就导致他们没有办法去感受真实的社会，眼光也会变得狭窄起来，创造力也就更不用说了。

所以说，只有多和社会接触，不再闭门造车，孩子的想象力才能取得更大的发展。

让孩子走进社会的好处有很多：孩子的应变能力可以得到一定程度上的提高，眼界开阔的同时，创新能力也会随之而增长。只有当孩子亲身体验了一些东西之后，他们才能够获得真正的领悟。如果孩子的想象力建立在了解社会的基础之上，也许能够激发出他们更多的灵感。

所以，我们怎么能将孩子"关起来"呢？

案例

爸爸刚买了一个木瓜，让孩子尝一下，然后说道："在我们小的时候，木瓜是很多的，最大的要比这个的两倍还大，而且都是熟透的，味道也要比这个甜多了。"

"如果太甜了应该也不是太好吃吧。"儿子边吃边说。

"也不是特别甜的那种，而是有一股甜味，同时还带着浓郁的果香，而且软，不用咬，一吸就进去了。"

"哦，那是什么味道？"

"木瓜味儿。那时候还有红心果，到处都可以采摘到……"

"爸爸，你说的红心果又是什么味儿？"儿子瞪大了眼睛看着爸爸。

"红心果味儿。还有橄榄……"

"橄榄的味道又是什么样的呢?"儿子皱着小眉头。

"橄榄味儿。"说完以后,连爸爸自己都忍不住笑了出来。

技巧

的确如此,想要了解一种东西的口味,只有亲自尝过才能够了解。经验这东西是无法传授的,只有自己亲身体验。因此,家长应该鼓励孩子多参与社会实践,让他们了解真正的生活,学会从中汲取成长的养分,迸发出更多的灵感。

1. **多让孩子关注一些社会信息。**

对于孩子来说,了解当下发生的大事小事也是非常有必要的,比较简单快捷的方式就是看报纸和电视,休息的时候,父母可以和孩子一起讨论一下当下热门的话题,在这个过程中,不仅可以让孩子了解更多的社会信息,同时还可以提高孩子独立思考的能力,给孩子足够的想象空间。

2. **让孩子多参加集体活动。**

通过让孩子多参加一些集体活动,不仅可以提高他们的交际能力,还能够让孩子与社会进行充分的接触。在集体的氛围中,孩子的组织能力和想象力也是最容易激发出来的。和伙伴们进行"头脑风暴",或者是做一些益智小游戏,都可以开阔他们的视野,学会运用各种思维方式进行思考,进而拥有一些奇特的想法。

孩子的想象力，就应当异想天开

关键词

鼓励孩子异想天开，支持孩子异想天开的行为。

指导

　　有很多父母都有这样的发现，在孩子有了自己的思想之后，他们就变得特别能说会道，不断地叽叽喳喳，描述着自己心中的世界。父母们在为他们的思想惊叹的时候，难免也会有这样的担忧："孩子固然很能想，可是有些想法也太过离谱了！"在这种想法的影响下，父母就会制止孩子的这种异想天开的行为。

　　父母的出发点本是好的，可是因为缺乏正确的认识，所取得的效果很可能南辕北辙，轻者，父母与孩子会产生隔阂；重者，孩子的自信和想象力都会受到扼杀，让他们思想的世界不再缤纷多姿，思想的火花也会渐渐黯淡下来。

大多数父母都认为聪明的孩子所提出的想法应该是中规中矩的，只有那些"不务正业"的孩子才会说一些"疯言疯语"。所以当孩子说出一些奇怪的话之后，他们就会气不打一处来。认为孩子正在"发疯"。可是他们没有意识到，当孩子"疯言疯语"之时，恰恰正是提高智商的过程，尽管那些话听上去是如此的离谱。

郑渊洁是我国非常有名的童话大师，虽然只有小学文凭，可是却创作出了皮皮鲁、鲁西西等一系列脍炙人口的童话人物，究其原因，还是因为他是一个喜欢幻想的人，因为没有受过太多的教育，也就没了太多条条框框的约束，他的这份幻想才得以保存下来。郑渊洁曾经说过："孩子们那些看似离谱的想法，恰恰是他们创造力的源泉，我们理应为他们的这种思维而喝彩。"

想要让孩子成长为什么样的人，就在于你的选择。

案例

壮壮是一名刚入学的小学生，面对那些新鲜事物，他总是时刻都充满了热情，喜欢幻想的他，对那些看起来有点不符实际的目标充满了渴望。然而，他的爸爸却对他这种"异想天开"不太满意，总说壮壮是在胡思乱想。

有一天，爸爸和壮壮一起看电视。这时候爸爸突然问起了壮壮对未来有什么规划，壮壮想了想，说道："我一直有一个梦想，那就是要登上火星，对火星进行考察，而且还要和很多火星人做朋友！"

听了壮壮的话之后，爸爸大声笑了起来，说道："你要去火星？这真是一个天大的笑话！真不知道你是怎么想的，就知道做白日梦！"

听了爸爸的话，壮壮感到非常沮丧。

　　几天之后，壮壮又兴奋地对爸爸说道："爸爸，我现在又有了新的梦想，听了以后你一定会感到高兴的！我想变成一条鱼！体验一下在水里睡觉的滋味！"

　　"我看是你的脑袋进水了吧！"爸爸非常生气地说道。

　　爸爸的话，让壮壮很长时间都没有回过神来。从那以后，壮壮再也不敢对爸爸说自己的梦想了，原来那个快乐的壮壮也变得沉默寡言了。

技巧

　　正是因为爸爸无情的话语，不仅扼杀了壮壮的梦想，也让壮壮失去了"异想天开"的勇气。那么，要想让孩子健康地成长，父母就应当善待孩子的那种"胡思乱想"，具体应该怎么做呢？

　　1. 及时褒奖孩子的"异想天开"。

　　当孩子说出一些异想天开的想法的时候，父母就应该要意识到，这是他探索世界的第一步，一定要多给他们鼓励，比如说父母可以对孩子说："宝贝，你真是太棒了，妈妈都没有想到这一点呢！"

　　2. 允许孩子们的异想天开的行为。

　　因为孩子天生好动，所以难免会出现类似于拆卸小玩具、钟表的行为，这个时候父母千万不要急着生气，"再拆东西，就打你屁股了"的话更不能随口而出。虽然孩子的行为看似无理，可这恰恰是他们探索未知世界的一种方式，这个时候无端的训斥，无疑会影响到孩子想象力的拓展以及他们的探索的积极性。

没有信心，孩子谈何想象力

关键词

确立信心，赞赏孩子，语言、行动双管齐下，真心实意地赞美。

指导

信心立，则事易成；信心无，则事易败。

无论做任何事情，信心对于我们来说都是一种非常宝贵的动力来源，在信心的支撑下，我们做事情的时候往往会事半功倍。对于孩子想象力的拓展，信心的培养也是非常重要的。

在充满信心的状态下，孩子做事的积极性自然会高涨，在这种积极情绪作用的影响下，思维和想象力也都更容易打开。因此，当孩子想要努力做一件事情的时候，父母一定要尽可能地进行鼓励，哪怕是一件倒垃圾、擦桌子的小事。父母随意的几句赞赏，都能够让孩子享受到一种成就感。他心里面会想着：父母都还在看着我呢，他们都渴望看到我的成功！在这种感觉的影响下，孩子追求成功的劲头也就更足了。

与之相反，如果一个孩子对自己从来没有自信，并且也总是受到父母的挖苦，他怎么愿意打开思维的大脑，怎么愿意去幻想？在他的眼里，世界从来是不属于自己的，所以为什么要幻想？哪怕想得再好，这一切也都与自己无关！

所以，想要让孩子拥有充满想象的创造力，我们就要提升孩子的自信，要鼓励他敢于想象。唯有此，在父母的这种鼓励之下，孩子的思维才会得到最大程度的散发，做出一些让我们感到惊叹的事情！

案例

小芳的妈妈生病了，每天都需要用生理盐水清洗鼻腔。这是一个非常麻烦的过程，妈妈也感到非常的不方便。

这天晚上，妈妈又要开始进行清洗了，这时候小芳说道："妈妈，今天让我来帮你倒清洗的水吧！"

看到小芳这么懂事地关心自己，妈妈自然非常高兴，于是说道："好吧，孩子！我相信你可以做好的！"

然后妈妈就在沙发上躺了下来，等着小芳快乐地飞奔而来。谁知过了一段时间之后，小芳带着一脸哭相来到了妈妈面前，说道："妈妈，刚才一个不小心，洗鼻子壶里面的吸管掉进下水道了！"

听了小芳的话以后，妈妈原本想要训斥几句。可是她突然想到这可能会伤害到孩子幼小的自尊心，于是就用鼓励的语气说道："那现在该怎么办呢？我家的小芳最聪明了，帮妈妈来想一下办法吧。妈妈先谢谢小芳！"

妈妈的话显然很出乎小芳的意料，她原本以为要受到妈妈的指责。这时候小芳也变得自信起来，想了一下，随后拿着小壶跑到了阳台。

一段时间之后，小芳兴奋地跑了回来，对妈妈说道："我想到办法了！我找到了以前喝奶的吸管，插在小壶里特别合适！只要稍微修剪一下就可以了！"

妈妈没想到小芳在这么短的时间里就想到了解决问题的办法。而且用了之后，经过小芳组装过的水壶，比"原装"的更好用了！

技巧

正是因为妈妈没有发火，反而一直鼓励小芳，这就给小芳造成一种心理暗示：我现在要做的事情非常重要，所以说我一定要做好，我有这个自信！！

就是在这种心理的影响下，小芳开始积极地开动脑子，通过联想那些和吸管类似的东西，最终成功地找到了替代品。如果妈妈当时责备小芳的话，她断然是想不出这样的办法的。

1. 用言语和行为来鼓励孩子。

在激励孩子这方面，父母可以采取双管齐下的办法，除了用"你真棒、你肯定行"这样的话来暗示孩子，还可以用一些肢体语言来表达赞许，比如说我们最常见的鼓掌。当孩子摩拳擦掌准备做某件事的时候，适时地给予称赞的话语并给予这种正面力量的鼓掌，一定可以在最大程度上起到对孩子的激励作用，孩子能感觉到更多的认同和自豪感，想象力也会随之而丰富起来。

2. 多给予孩子真心实意的赞美。

只有发自内心的东西，才能够真正地打动人，父母给孩子的鼓励也应如此。因此，父母对孩子的赞赏应该是在理性的角度上，一味地鼓励并非是好事，反而会让孩子觉得不太真实，从而产生质疑。只有在关键时刻的那句鼓励，才能够真正地激发孩子的想象力，这才是鼓励孩子的最高绝学！

第四章
你是否在不知不觉中扼杀孩子的想象力

　　知识有限，想象无限。孩子的一些语言或行为，也许是胡思乱想，也许会让我们觉得不可理喻，千万别随便制止，因为制止就是扼杀孩子的想象力！不要小看孩子的胡言乱语、随意拆卸东西、总是问些刁钻的问题等，因为，孩子的想象力不受任何时间和空间的限制！

限制孩子提问题=扼杀孩子的想象力

关键词

疑问的提出，质疑的问题，限制＝扼杀，鼓励孩子提问。

指导

小疑则小进，大疑则大进，不疑则不进。

这句古语，相信绝大多数的父母都曾听说过。然而，有几个父母可以做到这一点？尤其对待孩子的提问，你们能够做到不限制、不指责吗？

先别着急反驳，想想自己的行为吧。每个孩子从呱呱坠地，再到逐渐认识世界和参与到生活中，会向父母提出无数个"为什么"。尤其进入小学阶段后，他们的人生观、世界观进入了最为迅速的成长期，这时候现实事物与自身理解能力出现严重的不平衡，所以，他们不得不去向父母咨询。这些问题，有的不免让父母感到可笑：

"爸爸，你说我骑着自行车能上月球吗？"

"妈妈，如果把我塞到洗衣机里，以后是不是洗澡就不用那么麻烦了？"

听到孩子的这种问题，很多父母在感到可笑的同时，不免训斥道："天天就知道胡说八道！以后不准再问这种问题了！"

父母也许会觉得，这种教育方式，会让孩子意识到自己错了，从此以后不再这么异想天开。的确，孩子被你训斥得不敢说话了，可是他的创造性思维，他的想象力，从此也逐渐丧失了。

也许，父母会这样狡辩：我工作了一天很疲惫，哪有时间应付这些奇奇怪怪的问题？的确，父母的辛苦应当理解，但这就是我们可以伤害孩子、打击孩子想象力的借口吗？这样做，你是轻松了，可孩子却失落了。久而久之，他们会变得越来越木讷，越来越愚笨……

你的辛苦和孩子的成长，孰轻孰重，相信你很明白。

不仅如此，对于孩子质疑式的提问，我们更应该宽宏大量。研究表明，许多发明创造都是在质疑中做出来的，孩子经常提出疑问，说明孩子可能具有创新意识，这样的孩子与一般孩子的思维方式不同，他们惯于发散性或者逆向思维，这就证明了他们的想象力非常丰富，很容易形成属于自己的一套思维模式。

例如，孩子说："为什么砸到牛顿的那个苹果，不是往天上飞？"

再例如，孩子说："为什么一定要坐飞机？如果我们插上翅膀，不是也能飞吗？"

这些提问，看似天马行空毫无逻辑，但这正是思维能力提升的体现。在这个过程中，孩子会思考、会总结，通过自己的观察发现问题，再通过父母的分析得出结论，从而提升自我思维能力。所以，无论孩子的提问多么幼稚，请所有父母都不要轻易限制！

小丽刚刚吃过晚饭，这时候听到电话响了。她刚想去接，妈妈却先拿了起来。一通电话后，妈妈的脸色越来越差。放下电话，妈妈一把抓住小丽，生气地说："你这孩子胆子真是大，竟敢不听妈妈的话擅作主张！"

事情是这样的：几天前，小丽参加了区里的绘画比赛。她的一幅《阳春白雪》很优秀，因此妈妈就想让她拿着这幅画去参选。谁知，小丽却说道："妈妈，我觉得不好吧？我的这幅画已经获过奖，这次应该拿一幅新画吧？你说呢？"

妈妈说："这怎么可以！让你参加就是为了获奖！"

小丽问道："妈妈，为什么呢？我想问问你，我参加这些活动的目的究竟是为了什么？"

谁知，妈妈没有等她说完，打断了她："少问这么多问题！你总是不停地问为什么，为什么要这样做……一些小事不听也就算了。参加比赛这么大的事情，就是必须听妈妈的！"

结果，小丽最终还是擅作主张，交上去了一幅新画，却没有获得任何名次。妈妈为此将她训斥了好几天，让她感到了无比害怕。从这以后，她再也不敢随便提问了，变得越来越懦弱。然而她的《阳春白雪》再好，却不可能永远获奖，但妈妈却一直乐此不疲……没过几年，小丽的美术水平越来越低，再让她画什么新画，她仿佛也都画不出来了。

技巧

正是妈妈的限制，让小丽不敢再去提问，心中的迷惑越来越多，思维能力也越来越差。原本想象力丰富的她，从此变得一蹶不振，变得毫无生机。

没有父母喜欢这样的孩子。那么，我们该如何避免这样的问题出现呢？

1. 不要限制，学着启发孩子。

父母要明白，孩子的知识水平有限，所以有时候问题不免有些夸张离谱，但这正是他们探索世界的过程。所以，父母不仅不能限制，更应该启发孩子独立地思考问题，对同一个问题寻找多种答案，然后让孩子阐述最满意的答案的理由，再由父母根据实际情况客观地给予评价。

例如，对于孩子提出"我们为什么只能从这条路走才能到达目的地？"的问题，不要着急给他下结论，不妨听听他还有什么线路选择，这样他的自信心和想象力才能得到提升。

2. 引导孩子提问。

不限制是第一步，引导孩子主动提问，这是提升想象力的关键。例如，周末全家人去野餐，可以让孩子去策划。孩子的认知和规划能力有限，在进行联想的过程中必然会出现一些问题，因此来求助于父母。这时候，我们也不要着急解答，而是尝试着让他自己去找到解决方法，然后就孩子提出的疑问给予具体分析解答。

3. 鼓励孩子敢于积极联想。

不可否认，有的孩子天生想象力不足，无论提问还是分析，都显得过于中规中矩。这时候，父母就应该多帮助孩子提升想象力，尽量扩大他的知识面，丰富他的生活阅历，把知识与经验紧密联系在一起，把概念性的东西与实际的东西结合起来。让他多参加一些户外活动，多去玩一些思维锻炼类型的游戏，这样他们的想象力就能插上翅膀。

别将孩子的梦想当成儿戏

关键词

梦想是希望，不轻视孩子的梦想，因梦想而伟大，梦醒＝灿烂明天。

指导

　　梦想是想象的极致，不敢想象的人很难有梦想，支持孩子的梦想就是保护孩子的想象力，但就是有那么一些家长，将孩子的梦想当儿戏，孩子的想象力，也因此被你扼杀。

　　梦想是宝贵的，敢于做梦者对生活都有着美好的憧憬。孩子本来就是未来的希望，他是父母的梦想，他也有着自己的梦想。尽管他的梦想在父母看来是那样的不可思议，那样的不切实际，那样的离经叛道，但是，我们却不能将孩子的梦想当儿戏。

　　无论孩子的梦想是成为一个国家的总统，还是成为一个普普通通的工人，

父母都要予以支持，而不是嘲笑、讽刺，因为轻视了孩子的梦想，就有可能扼杀孩子的想象力，而扼杀了孩子的想象力，孩子将很难跃上人生的高度。

决定孩子人生命运的，有可能就是他们最初的梦想，而他们的梦想就来自于他们对未来的想象，所以，鼓励孩子去尝试实现自己的梦想，坚定自己的梦想，就是加固孩子想象力的双翼。

父母对孩子梦想的不以为然，好比一盆冷水，浇灭了孩子梦想的火花，也扼杀了孩子的想象力。人类因为有梦想，才能不断地创造、发明和进步。即使孩子的梦想离奇的难以实现，父母也不能站在成人角度来否定孩子的梦想，因为这样，会使孩子的好奇心、想象力、创造力一并受到抹杀。

将孩子的梦想当儿戏的人，孩子会用灰暗的前程来回报父母对他们梦想的不尊重！

不仅如此，奚落孩子的梦想，还会伤害孩子的自尊心、自信心和积极性，使孩子不敢再随意想象，不敢再做梦，孩子的能力从此得不到尽情的发挥，一个天才也许就此夭折了。

孩子的未来不是梦，就算只是梦，也应该允许孩子去做梦，因为有梦，才会去努力实现梦，为了能够实现梦想，孩子会不断地展开他的想象力、发挥他的创造力，孩子身体内的一切机能都是良性的循环。

所以，梦想是孩子前进的旗帜，也是孩子前进的动力，更是孩子追求的目标，将孩子的梦想当儿戏，就是砍掉了孩子飞翔的翅膀，不但扼杀了孩子的想象力，也毁掉了孩子的明天！

案例

率率上小学五年级，有一次，他偶尔看到电视上播放机器人的片段，就盯着屏幕认真地看，一下子就迷上了机器人。从此以后，每天只要做完作业，率率就在网上浏览有关机器人的知识，看着图片比划，把各种机器人了解得清清楚楚。

渐渐地，网上的知识满足不了他的要求了，他开始去图书馆借阅有关机器人的书籍，没事儿就反复看、反复研究，如痴如醉。随着对机器人越来越熟悉，他开始照着书上的样子画图，并找来一些木头尝试自己做机器人。

妈妈看到率率天天沉迷这个，非常着急，对他说："率率，别整天研究机器人了，这是你这个年龄干的事儿吗？多用些心思在你的学习上，别成天整这些没用的。"

率率一听妈妈这么说，不干了："妈妈，谁说我这些是没用的，这也是学习。妈妈，我告诉您吧，我现在有个伟大的梦想，我将来要当工程师，专门研究机器人，让机器人乘坐宇宙飞船也能飞上太空。"

妈妈一听，想都没想立刻不屑地说："你？你当科学家？研究机器人？别做白日梦了，你现在连考试还考不及格呢？还当工程师、做机器人？说出来都不怕脸红。你不好好学习，长大连个工作都找不到，别说研究机器人，当搬运工还差不多。"

妈妈的话，让率率兴奋的小脸立刻黯淡了下去。

技巧

　　率率的妈妈无情地打击了率率的梦想，丝毫没拿他的梦想当回事儿，这会造成什么样的后果呢？率率可能因此不敢再做梦了，甚至不敢再想象，也许真的因此断送了一个未来工程师的前程。

　　所以，孩子的梦想，请父母不要将它当作儿戏，哪怕不着边际，哪怕难以实现，那也代表着孩子对未来的美好想象。父母应该支持孩子敢于做梦，并帮助孩子去实现他们心中的梦想。

　　1.　支持和鼓励孩子的梦想。

　　不管孩子的梦想与现实有多大的差距，有没有实现的可能，父母都要无条件支持孩子的梦想，鼓励孩子敢于做梦，不能像率率的妈妈那样，因为率率今日的弱小就否认了他梦想的伟大，就因此断定他不可能实现他的梦想。也许孩子正是因梦想而强大，因想象变得聪明而坚强。

　　2.　帮助孩子去实现那些可以实现的梦想。

　　对于孩子一些离现实比较近的梦想，父母可以帮助孩子一起去实现，例如率率想做一个手工机器人模型，父母就可以为他买来材料，和他一起做。让孩子从实现梦想的过程中认识到自己的能力，体会到成功的喜悦，这之后，他就更敢于做梦了，他想象的能力也就增强了。

　　支持和鼓励孩子的梦想，而不是将孩子的梦想当儿戏，父母的态度将决定着孩子能不能因梦想而变得伟大。

少说一点 "不可能"

关键词

不可能实现的想象，不可能，试试看，梦想是推手还是绊脚石。

指导

孩子的想象总是天马行空，有许多想象根本就没有实现的可能，所以，当孩子说出他的想象时，父母们总是有一句口头禅："不可能!"

"外星人能到地球上生活？不可能!"

"你还想当科学家？不可能!"

"你说白天才是黑夜，太阳是用来照明的？不可能!"

这么多的不可能，孩子能不被你吓坏吗？孩子还敢再说出他的想象吗？

不可能！就是这句话，将孩子的想象力扼杀了。

相比较外国的孩子来说，中国的孩子比较唯唯诺诺，不敢想、不敢说、不敢做，因此缺乏创造力，但这不能完全怪罪于孩子，是什么原因让他们变成这样的，正是父母嘴里的"不可能！"

不可能！让孩子由自信变得自卑；不可能！浇灭了孩子的热情；不可能！让孩子从此不敢再想象——不敢再说出他的梦想，不敢再坚持他的梦想，也再难以实现他的梦想。

"不可能"就是扼杀孩子想象力的罪魁祸首！

"敢想敢做"是成功的前提，作为父母，要做孩子成功的推手，而不是孩子前行路上的绊脚石。孩子的想法在说出来之前，连他自己都怀疑它的可能性，他告诉父母，就是希望在父母这里得到一点鼓励和肯定，但父母轻轻松松的三个字，让他们心中那一点希望消失殆尽。

因此，请父母少说一点"不可能"。多肯定一点，孩子的想象力就会增加一分，孩子的梦想实现的可能就会大一些。就算明明知道不可能，也不要轻易地说出这三个字，因为孩子需要的不仅仅是想象的实现，而是想象的勇气，而你的一句"不可能"则摧毁了他想象的勇气。

所以，不要对孩子说"不可能！"而是要对孩子说："你去试一下！"尝试之后，孩子才知道可能不可能，可能了，孩子以后会更加大胆地想象，不可能，孩子则会改变他的想象，这也是提高孩子想象质量的一个方法。

想象就是想象，无论可能不可能，都不妨碍孩子继续想象，有许多想象可能是错误的，有许多梦想本身就无法实现，但孩子的想象力却是踩着这些失败的想象成长起来的。

可能不可能交给孩子去验证，父母要做的就是鼓励孩子去想象，而不是用"不可能"来阻止他们想象。让孩子自己去体会梦想成功的喜悦和梦想失败的痛苦，父母要做的，就是给他做梦的权利！

案例

有这样一位父亲，他只是一个很普通的农民，但他却知道如何培养孩子的想象力。

这位父亲不但自己充满想象力，还鼓励自己的孩子经常想象生活，他的孩子从小就喜欢提问、动手、动脑，比起那些大城市的孩子来说，他并不缺乏创造天赋，这就是因为他的父亲对他的一切想象从来不说"不可能！"

他们家里有一个大闹钟，年龄快和父亲的年龄差不多了，已经是走走停停，甚至常常罢工。家里人看着它又破又旧，都想把它扔掉。

这位小孩却说："我能将这个钟修好！"

家里人对他的话都非常质疑，只有父亲对他说："你试试看！"

他将钟表拆开，小心检查里面所有的零件，试图检查出钟停的原因，但是很久也没找到原因。他小心翼翼地清理钟内多年的灰尘，一遍又一遍地检查、尝试，按照自己的想法调整零件，终于有一天，钟被修好了，而且走得非常准确。

全家人都为他鼓掌，他也非常高兴，他非常感谢父亲，如果不是父亲鼓励他试一试，他永远都无法验证自己的想法能否得到实现。

技巧

虽然故事中的父亲知道孩子未必能将那个钟表修好，但他并没有因此轻易地说出"不可能！"因为他知道孩子修好修不好并不重要，而孩子敢于发挥自己的想象、并去努力验证自己的想象更为重要。而正是他的支持，孩子才将不可能变成了可能。

因此，父母不要随意用"不可能！"来打击孩子的想象力，而应该用不同的方式来支持孩子敢于想象。

1.对孩子的梦想不下决断性的评语。

孩子的想法无论好坏或能不能实现，父母都不要轻易地下决断性的评语，尤其是当你觉得孩子的想象根本不可能实现的时候，更不要轻易地下"不可能！"这种否定的决断。而是像故事中的父亲那样鼓励孩子去尝试，让孩子自己去验证结果，就算最终的结果是"不可能！"孩子的想象力也不会因此受到重创，而父母的支持则会使孩子永远具备想象的能力。

2.让孩子懂得无论能否实现都要敢于想象。

孩子的想象在实践过程中一定会遇到一些挫折，甚至是一败涂地，孩子的心情难免受到一些影响，也许会告诉自己再也不胡思乱想了，这时，父母就要告诉孩子："没有任何一个想象一定就能实现，想象不仅是一个念头，更是敢于追求、永不言败的决心，无论想象能否实现，都要敢于想象。"

父母的智慧性的点拨会给孩子无穷无尽的力量，让孩子想象的翅膀永远不会折断。

孩子的谎言，有时候并非那么可怕

关键词

撒谎也是一种想象，认清背后的故事。

指导

撒谎，这对每一个父母来说，都是不能容忍的事。听到孩子撒谎，父母一定会怒不可遏，认定这是孩子"变坏了"。

然而，事实上真的是这样么？大错特错！尤其对于年幼的孩子来说，这反而是他的想象力提升的过程！

对于 4~6 岁的孩子来说，所谓的"谎言"，有时候并非那么十恶不赦，反而是一种童真的表现。五岁左右的孩子，思维能力还不健全，因此，不能区分真实与想象、理想与幻想的不同，所以在大人看来像是在说谎。

这种撒谎，父母没必要忧心忡忡。例如，有一个孩子曾经在作文里这样写道："我爱家乡的西瓜树。我很喜欢它，希望它能快快长大陪自己玩游戏！"

其实父母都明白，孩子的这种"谎言"，不过就是一种想象罢了。然而，有的父母却会因此动怒，认为孩子染上了不好的习惯，认定他这是在应付作业，这是为了骗老师"自己已经完成了作业"！

就这样，在父母的训斥甚至打骂中，孩子原本优秀的想象力，就这样烟消云散了。

其实，这样的事情少见吗？当孩子情绪处于异常活跃、兴奋状态时，他们就会擅自改变记忆的内容。比如小薇告诉妈妈："我今天在幼儿园吃了四碗饭。"实际上她只吃了两碗。但为了表示吃得多，她就随意夸大了。

孩子通过这样的想象，来表现自己的"厉害"，所以父母还是不要太过激动为妙。

父母一定要明白，孩子的这种谎言，可以使自己的虚荣心得到满足，或者用幻想的语句作为未能实现的愿望的补偿，作为克制和掩饰自己失望心理的手段。这种与想象、愿望有关的说谎，具有自我陶醉的特点，能使孩子获得象征性、代偿性的满足，所以父母不必为此大伤脑筋。

案例

燕燕刚进幼儿园，妈妈就听说她总在班里吹牛皮，说自己家里养了好多小乌龟，还有好多小兔子。妈妈很奇怪，为什么燕燕这么小的年纪，就学会了扯谎。

前两天，妈妈看到刚刚回家的燕燕有些咳嗽，于是担心地问："女儿，你是不是感冒了？"燕燕摇了摇头。妈妈又问："那是不是吃什么东西卡住嗓子了?"燕燕还是摇了摇头,说:"我没事的,什么都没吃。"

不得已,妈妈亲自来了一趟学校。老师告诉她,燕燕的同班小朋友张琼带了好多巧克力,两个人一下子吃了十多块。妈妈听了非常生气,当着老师面斥责燕燕:"为什么说谎?"可是燕燕还是不说话,依旧那个样子。

后来,老师对燕燕的妈妈说:"其实你不必这么着急的,燕燕这么小,撒谎不是有意而为之。她之所以会说自己有好多小乌龟、小兔子,其实都是一种自我想象力的激发。因为,她的小脑袋里有很多幻想,这种幻想绝不是撒谎,而是一种对世界的摸索。也许,她真的是太喜欢小兔子了,才有这样的说法。所以,你不必对她大发雷霆。其实,孩子有的时候的谎言,就是一种想象力的激发!"

老师的话,让燕燕的妈妈愣住了,她不知道,老师说得是否正确。

技巧

燕燕妈妈的困惑,相信也同样困惑着身为父母的你。但老师却有着不同的见解,所以她不会着急,知道这是燕燕想象力发展的正常阶段。

老师尚且不着急,又何况我们?所以,对于孩子的想象力谎言,我们不要恶语相加。当然,我们还要有一定的引导,让他懂得想象力和谎言之间的区别。

1. 默认的同时适当引导。

对于孩子的撒谎不必小题大做,但是我们还是应当适当引导,以免这种行为成为习惯。父母应该给孩子创造一个宽松的家庭环境,一旦看到他有诚实的表现,就一定要赞美他,对他说:"宝贝,你真是个诚实的孩子,来,妈妈奖励你一个吻!"

这么做的目的就是，让孩子看到：撒谎的确没有错，但是诚实的行为，会更能赢得所有人的喜爱。当这种认识在孩子的心底生根发芽，他就会产生进步的动力，从而在不断的长大过程中，对说谎失去兴趣。

2. 弄清撒谎背后的话。

一般来说，孩子倘若有了想象力撒谎，说明他的心里有一个梦想想要实现这个时候，父母不妨以和蔼的态度问他："宝贝，妈妈知道你有梦想，你能告诉妈妈么？妈妈会帮你实现的！"这样一来，孩子就会说出真实的内心，从而让父母了解其中的原因。这样一来，我们也就能明白孩子为什么会有这样的想象力，从而引导他的想象力更加准确。

别从大人的角度看待孩子的想象

关键词

角度，敢想敢做，欣赏的眼光，更新观念。

指导

　　父母总是觉得孩子的想象那么不可思议，那么让人无法理解，其实，并不是孩子的想象不可思议，而是大人看待问题的角度和孩子不一样，父母总是从大人的角度看待孩子的想象，才会轻易否定了孩子的想象，扼杀了孩子的想象力。

　　我们总是说要站在他人的角度看问题，但换位思考并不是那么容易，人总是本能地从自己的角度看问题，父母也是如此，因此总是无法欣赏孩子的想象。孩子由于年龄的限制，对事物没有成熟的看法，所以他的想象难免幼稚，但不代表孩子的想象就没有意义和价值。

　　孩子正因为年龄小，所以他的想法天真；也正因为年龄小，所以他敢于想象。正所谓"初生牛犊不怕虎"，他们敢想敢做，才有改变这个世界的可能。

　　父母如果能用欣赏的眼光看孩子，能用孩子的眼光看这个世界，就能欣赏和接受孩子的想象。就会发现孩子的想象力多么丰富，他们想象的内容多么多姿多彩，多么出乎人的意料，带给人多么大的惊喜。

　　既然是想象当然是高于现实，既然是孩子的想象，当然有别于成人的想法，如果我们能从这个角度来看待孩子的想象，那么孩子的每一个想象都值得我们拍案叫绝。想象只有跳出框框、不按牌理出牌才能真正称得上是想象。因此，接受孩子这些不可思议的想象，换了大人还不可能有这样的想象。

　　所以，别从大人的角度看待孩子的想象，不妨蹲下身来，用平视的眼光来看待孩子的世界，学会认真聆听孩子的心声，学会欣赏孩子的每一次想象，哪怕是一个小小的创意，父母都要发出赞叹，这样，孩子的想象力就会无极限地增强。

　　用欣赏的眼光看待孩子的想象，让孩子保持他们对世界的美好向往，这对增长他们的想象力是非常有益的。

　　孩子眼中的世界与成人是不一样的，父母不能用成人的标准来评判孩子的想象的好与坏，况且想象不是科学，它只是想象，没有严格的标准，如果你用成人的苛刻的眼光看待孩子的想象，那就会很容易否定孩子的想象，孩子的想象力也会容易被你扼杀。

案例

依依正在画画，她画的是蜜蜂追小熊。前面，一只漂亮的小熊面色慌张，正仓皇逃跑，后面，一群蜜蜂卯足了劲儿，正奋力追赶。依依画得生动有趣，栩栩如生，小熊和蜜蜂的表情、动作都被她画的惟妙惟肖，跃然纸上。

大家纷纷夸奖一番。

但爷爷却不解地问依依："蜜蜂为什么要追赶小熊呀？"

依依调皮地眨眨眼睛："你们猜猜看。"

"因为小熊偷吃了蜂蜜。"爷爷说。

依依摇头："不对！"

"是小熊踩坏了花丛？"奶奶又猜。

"也不对！"依依又摇摇头。

爸爸也来猜："是因为小熊欺负了蜜蜂吧？"

依依还说不对，妈妈又猜："我知道，是因为小熊打坏了蜂箱！"

依依再次摇头："不对，不对，都不对！"依依撅着嘴说，"你们把小熊想得太坏了。我告诉你们，是因为小熊的裙子太漂亮，像花丛一样，蜜蜂追着它要采蜜，哈哈！"

听完依依的答案，全家人都愕然了，依依的想象真的超乎大人的想象。这时候，爸爸生气地说："你这小孩，什么都不懂！"一下子，原本快乐的依依顿时吓哭了。

技巧

　　这个故事非常有意义，依依的答案全家人都没有猜出来，这就是孩子的想象，他们的想象总是跳出了常人的思维，如果从大人的角度是无论如何也没有这样的想象的。所以，父母不要从大人的角度去看待孩子的想象，从孩子的角度去看待他们的想象，就会发现他们的想象多么富有诗意。

　　1.父母要经常和孩子沟通，了解孩子的世界。

　　父母要怎么样才能做到不从大人的角度看待孩子的想象，那首先就要了解孩子的世界，了解孩子的心理和他的思维方式，你才能有意识地从孩子的角度看问题。而要做到这一点，父母就必须经常和孩子沟通，孩子看动画片，你不妨和孩子一起欣赏；孩子去动物园，你和孩子一起看。利用一切可能的机会和孩子沟通，当你了解了孩子的一切，你才能从孩子的角度看待孩子的想象。

　　2.父母要摒弃迂腐、陈旧、墨守成规的想法。

　　父母总认为自己的想法多么成熟、多么理智，其实大人没有意识到，自己的想法早已变得迂腐、陈旧，不知不觉已经陷入墨守成规的境地，这样的思维方式当然难以理解孩子的想象。

　　因此，父母想要从孩子的角度看待孩子的想象，首先要更新自己的观念，多看书、多上网、多了解当下新鲜的资讯，多了解儿童的心理，保持和孩子同步的成长，只有这样，才能真正从孩子的角度看待孩子的想象。

别剥夺孩子幻想的权利

关键词

幻想，是水面上一条美丽的弧线。

指导

在美国，曾经发生过这么一个故事，震惊了美国社会。

一个 3 岁小男孩兴奋地告诉妈妈："妈妈，我知道'OPEN'的第一个字母应该念 O。"这位小男孩的妈妈听到这话并没有一点惊喜，反而非常的吃惊，她问自己的孩子："是幼儿园里的老师教你的吗？"当她得到孩子肯定的答复后异常愤怒，她把孩子所上的这家幼儿园告上了法庭，理由是：幼儿园剥夺了孩子的想象力。

因为在孩子上幼儿园之前，孩子都把"O"说成面包圈、橙子、月亮之类所有圆的东西，现在进了幼儿园，孩子却失去了这种想象的能力，她要求幼儿园对这种情况负责——赔偿他的孩子精神损失费 1000 万美元。

所有人都认为她疯了，这种官司她也打？就连律师们也不支持她，但最终的结果却出乎所有人的意料：她胜诉了！

她是自己为自己辩护的，我们来看看她的辩护词：

"我之所以打这场官司，是因为我的儿子受到了伤害，他被剪掉了一只翅膀，一只幻想的翅膀，老师早早地就把她投进了一片只有 ABC 的小水塘，他可能因此再也飞不起来了……"

这段辩护词受到了许多美国公民的支持，美国《公民权法》也以它为依归，规定幼儿在学校拥有两项权利：玩的权利和问"为什么"的权利。这个妈妈不仅拯救了她儿子的翅膀，也拯救了全美国孩子幻想的翅膀。

这位美国妈妈的做法在告诉我们一件事：别剥夺了孩子幻想生活的权利！别折断孩子想象的翅膀！

是的，没有什么比孩子的想象力更重要，知识虽然重要，但知识只是为想象服务的，没有想象力，知识只是一堆材料，无法制作成伟大的作品，而想象才能成就孩子对生活的追求。

孩子在幼年时期对生活的想象，往往给他的一生带来重大的影响。剥夺了孩子幻想生活的权利，孩子也许再也无法腾飞。不要觉得孩子的幻想是天方夜谭或荒诞不经，一切伟大的梦想都源于荒诞的想象；不要以为孩子缺乏常识就不能想象，越是缺少常识限制才越可能生出一些超越常人的想象。

所以，让孩子尽情地幻想，只要他的想象是健康的，我们都没有权利阻止孩子去想象。

案例

这一天，蓉蓉拉着爸爸妈妈看她的作品——她刚刚完成的一幅画，大大的黑板上，用五颜六色的笔画了一个大大的图形，好像是一台电视机。

蓉蓉对爸爸妈妈说："爸爸、妈妈，看，这是我画的外星人的家，这是外星人的床、书桌、书柜。"

可是爸爸觉得这实在不像一个家，于是他张口就说道："这哪里是家啊，这分明是一台……"

爸爸的话还没说完，妈妈就打断了他的话："蓉蓉画得太棒了，我们从来都没见过外星人的家，这次可见到了，外星人肯定喜欢你为他造的房子，咱们再接着画，让外星人的家看起来更漂亮一些。"

在妈妈的鼓励下，蓉蓉开始继续创作，给外星人的家里画了游泳池，家外面画了树木，画了一个外星人爸爸、外星人妈妈……

技巧

蓉蓉的创作并不完美，在爸爸看来，一点都不像，但这正是蓉蓉的幻想。谁也没见过外星人的家，在蓉蓉的幻想中，外星人的家就是这个样子的。幻想，是蓉蓉的权利，因此，不管画成什么样，蓉蓉的妈妈都对蓉蓉给予了肯定和鼓励。因为，她知道，在任何时候，她都不能剥夺孩子幻想生活的权利。

1.生活没有标准答案。

许多问题都不是只有一个答案，生活更是不止一个答案，孩子对生活的理解更是不一样，所以，不要过早地给孩子灌输标准答案，让他认为生活就应该是这个样子，其他的任何样子都是不存在的。有了这样的思想，孩子的想象力就被你扼杀了，你也在无形中剥夺了孩子幻想生活的权利。

因此，让孩子画红色的大海，绿色的天空吧，让孩子把宇宙想象成一个花园吧，在孩子的想象里，生活可能不是大人想象的模式，但这却是他想象中的世界。

2.父母别过早地给孩子灌输不可更改的知识。

知识能丰富孩子的生活，但知识也有可能会限制孩子的想象力，因为知识是死的，一个字一个字印在书本上，父母一旦过早地给孩子灌输了这些知识，让孩子认为事物就是这样的，不可更改的，他的想象力就从此萎缩了。

例如我们开头讲的那个发生在美国的故事一样，孩子一旦认定了"0"应该念字母"O"，他还能把它想象成面包圈、太阳、向日葵等等圆形的东西吗？他就从此失去了对这个事物丰富的想象，孩子的世界从此变小了。

模仿，就是孩子对世界想象的开始

关键词

> 模仿偶像，从模仿走向创新和想象，
> 不为模仿而模仿，表扬孩子的模仿。

指导

我们知道很多伟大的艺术家，在成为艺术家之前，都有自己崇拜的偶像，而他们的创作，也是从模仿自己的偶像开始。可以说，创作始于模仿，也可以这么说，想象始于模仿，模仿，就是孩子对世界想象的开始。

也许有的人会说，想象是创新，而模仿是抄袭，模仿怎么可能是想象的开始？我们不是提倡孩子画画要画的好而不是画的像吗？这不是矛盾吗？其实，这是两个概念。

在孩子很小的时候，对这个世界几乎毫无认识的时候，谈不上什么想象力，他们对世界的认知都来自于身边的人、事、物，所以，他们会不自觉地模仿身边的一切，吃饭、穿衣、说话，这一切都是模仿，等他们模仿的多了，他们就会发现，吃饭我还可以这样吃，穿衣我可以这样搭配，而说话我可以有我自己的方式，这时，他们才有了初步的想象力。

等他们有了初步的想象力之后，他们不再满足于模仿别人，而是凡事都有自己的意见和想法，他们逐渐有了自己的思维，画画不再满足于像他人，而是有自己的创新，这时，他们的想象力便有了进一步的提升。

经过这样的推理，我们就会豁然开朗，模仿——就是孩子对世界想象的开始。

所以，我们不必阻拦孩子对人、事、物的模仿，相反，应该鼓励他们的模仿行为。孩子临摹书法家的书法，模仿一个作家的写作风格，模仿一个歌星的唱法和穿衣打扮，等他模仿的多了，他便不再满足于模仿，同时，他的想象力也在滋长，他也渐渐从模仿走向创新。

但也有一些孩子，一直停留在模仿的阶段，很久都没有自己的创新。这时，我们就要提醒孩子——模仿，是对世界想象的开始，但想象绝不是模仿。模仿只是为想象做准备，为想象积聚力量，而不是为模仿而模仿。如果孩子长期地模仿而没有创新，则说明他缺乏想象力，父母就要从多个渠道培养他的想象力。

父母要鼓励孩子的模仿行为，更要鼓励孩子从模仿走向创新，因为创新才使孩子的想象力真正得到了实现。

案例

三岁的磊磊是个小小"模仿家"。

这天，他看到爷爷拿着电蚊拍在打苍蝇，啪，死了一个，啪，又死了一个，他觉得真好玩啊，于是，赶紧找来一个羽毛球拍，追着苍蝇乱拍。拍完一通后，又找来一把扫把，在地上扫来扫去。因为他看到爷爷每次拍完苍蝇总是扫地，所以他也把爷爷的动作全都模仿了一遍。

看着他忙碌的样子，一家人是哭笑不得。

这天，家人又看到磊磊拿着一个木片，对着镜子在脸上刮来刮去，爸爸不解地问："磊磊，你在干嘛？"

磊磊一边认真地刮着一边回答说："我在刮胡子，刮完胡子我就上班了。"

爸爸被他的样子逗笑了。

爸爸妈妈发现，磊磊特别爱模仿，他看到有人用笔在手机上写字发信息，他也拿来一支笔在手上画来画去；看到妈妈在电脑上打字，他也把手放在键盘上啪啪打个不停。

磊磊的模仿爸爸妈妈从来不干涉，因为他们觉得模仿正是磊磊学习的开始，也是他对这个世界想象的开始。

技巧

磊磊爱模仿，这种行为很正常，一个三岁的孩子对这个世界尚没有太多的认知，所以他对世界的理解就是模仿，但磊磊在模仿中不知不觉也在创新，例如他把爷爷手中的电蚊拍换成羽毛球拍，把爸爸手中的刮胡子刀换成一个木片等，这就是一个三岁小孩的想象，从模仿走向想象。因此，让我们支持

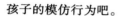

孩子的模仿行为吧。

1.表扬孩子的模仿行为。

孩子的模仿是想象的开始，所以对孩子的模仿行为我们应该给予表扬，例如孩子模仿大人扫地，模仿大人包饺子，模仿大人梳头发，当孩子通过模仿对这个世界又多了一些了解，并由此走向了想象的大门，我们就应该不吝啬自己的赞美："宝宝真能干，会跟着妈妈学做事啦!"

让孩子知道，模仿也是一种能力，是一件值得大人肯定的事情。让孩子多模仿，这是锻炼孩子想象力的开始。

2.对孩子的某些模仿不要过于重视。

孩子的模仿是好事，但若模仿的过分，甚至成了一种习惯，凡事都模仿，父母就必须要区别对待了。比如有些孩子会学说大人的每一句话，大人说一句，他就说一句，以此为乐，这样的模仿其实没有意义。模仿是为了开启孩子的想象之门，是为了创新，像这种为了模仿而模仿，父母必须予以制止和纠正。

干涉孩子的兴趣，
就是阻挠他的想象力

关键词

兴趣是最好的老师，兴趣带来想象力，
兴趣无大小，干涉兴趣＝阻挠想象力。

指导

我们都知道"兴趣是最好的老师"，却不知道为何"兴趣是最好的老师"？因为对一件事情产生浓厚的兴趣，才能主动地投入去做，才能在做的过程中充分调动自己的思维和想象力，也才能产生创造力，把事情做成功。所以，与其说"兴趣是最好的老师"，不如说兴趣带来了想象力。

大部分的孩子都有自己的兴趣，父母也希望自己的孩子有一样兴趣爱好，或能够促进学习，或有助于修养，或能够成为一技之长，总之，父母都非常支持孩子发展自己的兴趣，这"班"那"班"报个不停。

但什么才是孩子的兴趣，孩子究竟喜欢什么，很多父母却并不清楚。于是，父母就用自己的兴趣代替了孩子的兴趣，用社会上的"热门班"代替了孩子的兴趣，如果孩子年龄小，还不知道自己的兴趣是什么，那就任凭父母为自己做主了。但如果孩子稍微大些，有自己明确的兴趣爱好，并且非常有主见，父母凭个人意愿为孩子做主，就要引起冲突。

父母总是认为孩子年龄小，还不知道学什么才是对自己真正有用的，所以总是干涉孩子的兴趣。殊不知，这不仅仅是干涉孩子的兴趣，更是阻挠他的想象力。小孩子没有那么多的功利思想，他喜欢什么是从内心出发，这样形成的兴趣才是真正的兴趣，也才能从中调动自己的想象力。

父母不要认为孩子没有大人的人生经验丰富，就不知道什么才是自己真正的兴趣。其实，再小的孩子也知道自己喜欢做什么，做什么才能感到快乐。只是他的喜好未必一定是舞蹈、音乐、英语、奥数……这种大众化的项目，也许他的兴趣就是喜欢玩玩具、喜欢收集卡片，喜欢玩游戏……这种兴趣也许不能直接给孩子带来什么现实的"好处"，但却有很大的益处，那就是激发了孩子的想象力。

所以，不管孩子的兴趣多么小，多么不实用，多么不可思议，父母都不要干涉孩子的兴趣，对他自己而言，这是他的最爱，是他的精神支柱，是他想象力的来源。

让孩子自由地去选择他的兴趣，做他喜欢做的事，他才有想象的自由空间，也才能因此产生无限的想象。

案例

星期天，琳琳在爸爸妈妈的看护下，正在弹钢琴，她已经连续弹了三个小时了，但爸爸妈妈并没有让她休息的意思。她没有什么音乐细胞，每一首曲子她都不能完整地弹下来，于是父母总是说："再来一遍！再来一遍！"

琳琳真的不想再弹了，外面阳光灿烂，她想到外面去，看蓝天，看白云，看美丽的花，如果能用画笔把这些画下来就好了，琳琳想着，心里不禁已经乐开了，心里想着这些，琳琳手下的音符不知不觉又错了好几个。

"怎么回事儿？想什么呢？"爸爸大声喝道。

"琳琳，好好弹，别走神。"妈妈柔声地说道。

"哼！"琳琳生气地想，"总是一个唱红脸，一个唱白脸，逼我学钢琴。"

于是，她大声地说道："我不弹钢琴了，我要画画。"

"琳琳，爸爸妈妈都是搞音乐的，你学音乐是近水楼台先得月，别人想学还得花钱呢？你有这条件还不好好学。你如果不学，爸爸妈妈这音乐才华传给谁啊？"妈妈还是老生常谈。

"对！必须学！爸爸是大学里的音乐教授，你如果不懂音乐，爸爸的面子往哪儿搁？"

"管你往哪儿搁，我就是不喜欢弹钢琴，也弹不好，我想学画画。"

"那也要把钢琴练好了再说！"父母并不妥协，琳琳的眼神无比黯淡。

技巧

　　琳琳的兴趣是画画，父母却不让学；琳琳不喜欢弹钢琴，父母却逼着她学。在一件不能调动她积极的思维，不能发挥她想象力的事情上，她能做得好吗？显然是不能的！琳琳的父母显然是忽视了这一点：干涉了孩子的兴趣，就是阻挠了他的想象力。

　　父母们可不要和琳琳的父母一样，成为扼杀孩子想象力的刽子手。

　　1. 不要用父母的权威干涉孩子的兴趣。

　　父母总是认为孩子就应该什么都听父母的，兴趣关乎着孩子的未来，更应该听父母的，其实，孩子的未来应该由他自己来选择，起码应该尊重他的意见。父母不要用大人的权威干涉孩子的兴趣，没有自由与民主的生活空间，孩子的想象力从何而来？不能做自己感兴趣的事，孩子谈何拥有想象力？

　　所以，父母应问问孩子："你喜欢什么？愿意学什么？"让孩子自己去决定应该学什么。这才是对孩子想象力的保护和支持。

　　2. 不要认为孩子的兴趣是微不足道的。

　　孩子的想象力之所以受到父母的干涉，是因为父母总是认为孩子的兴趣太微不足道了，父母觉得喜欢玩"过家家"这算什么兴趣，喜欢玩游戏这不能当作兴趣，喜欢拆卸玩具更不能算是兴趣，其实只要孩子感兴趣的事情都是他的兴趣，能激发他的想象力的事情皆可成为兴趣。不要认为孩子的兴趣微不足道，就干涉他的兴趣，因而阻挠了他的想象力。

面对孩子收集的"破烂",
我们该怎么办

关键词

破烂＝宝贝，破烂＝想象，善待孩子的"破烂"，
欣赏孩子的"破烂"。

指导

在许多孩子的玩具箱里，都有一些被他们视为宝贝的东西，例如一个贝壳、一片树叶、一根短短的绳子、一个坏了的布娃娃……这些东西在父母的眼里真的没有什么意思，又破又旧又脏，不知道孩子们留着它干什么，放在家里既占地方又碍眼，真想把它们扔掉。

可是父母真要把它们扔掉，孩子却不干。这些被父母视为"破烂"的东

西，在孩子眼里却是珍宝。

为什么这些在父母眼里平淡无奇，甚至是"破烂"的东西，在孩子心中却是宝贝呢？是因为这些"破烂"代表着孩子一种心情，一种对这个世界充满想象的心情。

例如他看到那个贝壳，就想起了那次去海边游玩的情景，想起了蔚蓝的大海，惬意的微风，沙滩上的小脚丫……

看到那片树叶，就想起了那个秋天，满地金黄的落叶，大地好像铺了一层金黄的地毯，远远望去，像金黄的麦浪……

看到那根绳子，就想起了那次走在路上，一根短短的彩色毛线绳在太阳的照射下闪耀着彩色的光芒……

这些破烂代表的不仅仅是一个个普通的物件，而是孩子对美好事物的想象，对世界美好的感受，这种感受可能都会化作美丽的句子出现在他的作文中，也可能一直激发着他美好的想象力。

所以，孩子表面上是在收集"破烂"，实际上是在收集美好的想象；当他在玩那些"破烂"时，他就是在充满对美好事物的想象。

收集"破烂"是许多孩子成长过程中都经历过的环节，因为通过所收集到的物品，孩子可以增强对世界的认知或想象。例如，在收集的过程中，他了解到树叶到秋天会枯萎变黄，贝壳是经过什么样的变化才变成这样子的，石头除了出现在沙滩，也可以出现在鱼缸里。孩子在和这些"破烂"相处的过程中，不断发挥着他的想象。

因此，父母要善待孩子收集的破烂，这是孩子童年时期的特定心理特征，对孩子来说，收集的过程是学习和成长的过程，在这个过程中，他们逐渐学会使用听、看、触摸、闻、尝等多种手段来帮助他们进行想象。

案例

灵灵四岁了,她的玩具很多,除了爸爸妈妈给她买来的那些新颖别致的玩具外,她还有许多不需要花钱就拥有的"宝贝",例如一个坏了的积木,一张张没用的电话充值卡,各种图案的糖纸,一片片落叶……

灵灵的这些"破烂"宝贝都是从哪里来的呢?每天傍晚父母带她到附近的公园散步时,她都会留意公园里的落叶、草棍子、小石子以及落叶,每一次都捡一些带回家。

灵灵爱吃糖,她发现糖纸上有各种各样的图案:白雪公主、蓝精灵、黑猫警长……什么颜色都有,非常漂亮,于是她就把这些糖纸都收集起来,像爸爸收集邮票一样,夹在笔记本里,没事儿的时候就翻翻看看,像是浏览一部部动画片。

家里很多的没用的想要丢弃的东西,灵灵都觉得挺好玩的,都会留下来。她的一些玩具坏了,都可以扔掉了,但灵灵觉得这些玩具陪伴了她很多时光,对它们有感情了,都舍不得丢掉,于是都留着。就这样,不知不觉她的"破烂"宝贝越来越多了。

父母曾经想过让灵灵把这些"破烂"处理掉,但看到灵灵如此珍爱,就觉得应该满足灵灵的想法,这些"破烂"承载着灵灵对美的感受,对快乐的记忆,对感情的留恋,而这些"破烂"都保留着灵灵美好的想象。

技巧

　　灵灵喜欢收集"破烂"，这说明灵灵对这个世界有着细心、敏锐的感受，一个个小小的不起眼的东西都能引起她的兴趣，可见她对这个世界有着多么丰富的想象力。而灵灵的父母也对灵灵的这个特殊的爱好非常包容，他们的包容恰恰是对灵灵想象力的一种赞赏。

　　那么父母们应该从灵灵的父母身上学到什么？

　　1.不要丢掉孩子的"破烂"。

　　既然是破烂，这些东西看起来一定是不太好看，又破又旧又烂，甚至还很脏，放在家里不仅占地方还影响美观，尤其是孩子玩起来的时候，还不够卫生。许多父母都想把这些破烂扔掉，甚至不顾孩子的感受强迫孩子扔掉。

　　这样做的父母真的有点不通情理，因为你扔掉的不仅是孩子的一堆破烂，而是孩子对许多事物美好的想象，你把孩子美好的感受、美丽的心情一并扔掉了，没有这些，孩子如何还会对这个世界产生美的想象。

　　因此，不要丢掉孩子的破烂，留着它，也留着孩子美好的想象。

　　2.和孩子一起欣赏"破烂"。

　　孩子收集的破烂有许多其实是很有价值的，例如那些废弃的电话卡，N 年后谁知道它会不会成为价值连城的东西；那些小贝壳、小石头都是一个个艺术品，把它们摆在家里合适的地方，都可以美化环境。

　　因此，和孩子一起欣赏这些所谓的破烂，并和孩子一起去想如何利用这些破烂来美化生活，这个过程就是一种对生活的创造，何尝不是对孩子想象力的一种培养和锻炼呢？

孩子的想象力，请你不要打击

关键词

胡思乱想，夸张离谱的想象，不要进行粗暴的指责，
打击想象力等于犯罪。

指导

　　小孩子的种种表现总是出乎父母的意料，他的聪明、他的乖巧、他的可爱令父母喜不自胜，但他的童言无忌、他的胡思乱想、他的异想天开却让父母惊愕、无奈、苦笑，于是，我们总是想制止孩子："别胡说！""别胡思乱想了！""别做梦了！"殊不知，就是父母这不假思索、脱口而出的一句话正在无情地打击着孩子的想象力。

　　孩子的童言无忌正是孩子对语言的想象力；孩子能说会道，兴奋地描述一件事物，正是孩子对一件事情的想象力；孩子信手涂鸦，却画出了个"四不像"，那也是孩子对一个动物天马行空的想象力。想象无所谓错对，无所谓好坏，是否夸张和离谱不是衡量想象是否成立的标准，甚至，不夸张、不离谱的还不能称为想象。

因此，别打击孩子的想象力，无论他们想象出来了什么。

吴承恩想象出了《西游记》，在他写出这部作品之前，他一定经过了长时间的胡思乱想；周星驰继续《大话西游》，他在吴承恩的想象上继续胡思乱想，才有了这部经典的电影。没有想象，艺术不会诞生；没有想象，科学不会被创造；没有想象，天才不会被造就。

因此，孩子的想象力，请你不要打击，否则，你的行为无异于犯罪。

不要以为孩子小，他就没有资格想象；更不要以为孩子小，他就想象不出什么。想象和年龄无关，甚至年龄越小，想象力越丰富。

著名儿童文学家郑渊洁从小就喜欢幻想，他那些离谱的想象，都成了他创作的源泉。靠着丰富的想象力，只有小学文凭的郑渊洁，创作出了皮皮鲁、鲁西西等一系列脍炙人口的童话故事。

蒸汽机的发明者瓦特，小时候就盯着被蒸汽顶起来的壶盖发呆、想象："为什么蒸汽能把壶盖顶起来？"正是有了这样的想象，才开启了蒸汽时代的大门。

爱迪生更是从小就有着各种各样另类的想象，所以才成了举世闻名的"发明大王"……

孩子的想象在大人看起来不管是多么的荒唐，其实都是一种正常的现象，因为和事实一模一样那不叫想象，只有跳跃式的思维才有可能产生想象。

所以，别对孩子的想象大呼小叫、一惊一乍，不屑或是指责，这些行为都是对孩子想象力的打击。孩子的想象不仅不可笑，而且值得喝彩！孩子想象力容不得他人的打击，需要父母全力的支持。

案例

　　涛涛总有些稀奇古怪的想法和行为，有一次，他对妈妈说："我要把左胳膊安到右胳膊上?"

　　妈妈吓了一跳："这怎么可能呢? 这会受伤的。"

　　"哈哈，"涛涛大笑着，"妈妈，我是说把左胳膊'按'到右胳膊上去。"

　　"说话就好好说，耍什么小聪明!"妈妈有点生气。

　　"开个玩笑嘛。"涛涛嘟囔着。

　　又有一次，涛涛特意翻出来一条红色的内裤，穿在裤子的外面，比划着飞的姿势，嘴里念着："我是超人，我要飞了!"

　　爸爸看到了，立刻训斥道："什么超人，把内裤穿在外面，难看死了，马上给我脱掉!"

　　"哦。"涛涛看到爸爸厉害的样子，只得乖乖地不当超人了。

　　有时候，涛涛也喜欢摆弄他那些玩具，但他有时会把玩具拆得七零八碎的，零件乱七八糟扔了一地。

　　爸爸一看又激动了："涛涛干嘛呢? 花钱给你买玩具，是让你玩的，不是让你拆的，再拆以后不准玩!"

　　"哦。"涛涛听话地低下了头。

技巧

涛涛的生活充满了想象，但他的想象总是被爸爸妈妈打击，一声声训斥打击着他的想象力，涛涛的创造精神也因此被赶跑了。所以，父母不要随便打击孩子的想象力，那些不靠谱的语言和行为，反映着孩子灵活的思维，扼杀了它们，就是抑制了孩子智力的成长。

那么父母该如何支持孩子的想象力呢？看看下面几个小建议。

1. 孩子走神，不要粗暴地批评。

当孩子在做作业时，也许有那么一刻会发呆、走神，眼神飘向别处，请别粗暴地指责孩子："干嘛呢，那么不专心！"请允许孩子对某一个问题产生好奇和联想，请允许孩子偶尔做做白日梦，只有这样才能打开孩子的脑子，发散他们的思维。

2. 允许孩子无厘头的想法和行为。

孩子的一些答案也许特不靠谱，一些想法也许特别无厘头，引得你哈哈大笑，甚至禁不住频频摇头，请不要这样，请对他们的答案给予肯定甚至高分；当孩子的作文写得天马行空，甚至不知所云时，请别指责他们写得一塌糊涂；当孩子模仿动物的造型，打扮得不伦不类时，请别笑话他们"真难看"。

允许孩子无厘头的想法和行为，任何时候，都要高调表扬他们的想象力。

3. 不要打击孩子敏捷的思维能力。

有些孩子的思维特别敏捷，嘴巴又巧舌如簧，所以总是不由自主地插话、接话、和大人辩驳问题，请别粗暴地喝斥孩子"闭嘴！"孩子敏捷的思维能力也是他们想象力的体现，不打击孩子敏捷的思维能力，同样也是在保护孩子的想象力。

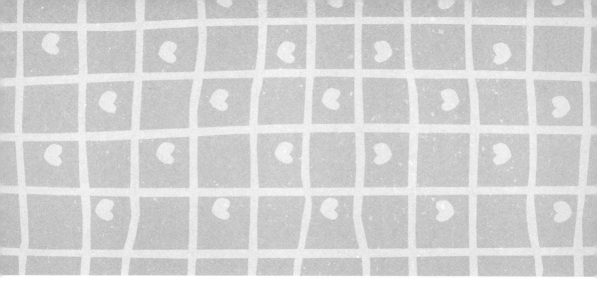

第五章
孩子的想象力训练需要你的参与

　　孩子的思维是活跃的，我们要鼓励孩子利用课余时间多去读书，多走进大自然，多参加一些集体活动，用自己的眼睛来观察整个世界，那么他的想象力就如同乘坐火箭一般飞速提升！我们也要加入其中，引导孩子将想象力提炼为最精准的思维能力。我们做的事情有很多：可以针对某个话题和孩子一起讨论、与孩子进行辩论赛、刻意给孩子出点难题……

与孩子一起做一个想象力高手

关键词

父母的鼓励，父母的引导，借鉴自己的童年。

指导

有什么样的孩子，就有什么样的父母。那么，你是一个想象力丰富的父母吗？

先别着急否认，其实，你也可以像自己的孩子一样棒！只有你是一名想象力高手，你的孩子才能成为想象力达人。

所以，当孩子正处于想象力腾飞的时期时，为什么我们不能与他们一起成长呢？正所谓"教学相长"，如果父母也加入和孩子一起想象的行列中来，不但能够帮助孩子提高其想象力，父母也同样可以收获快乐。

在平时的交流中，一般都是父母鼓励孩子去进行设想，而提供这些设想的点子也是非常宝贵的，不仅需要有知识的积累，还要有举一反三的能力，每个设想的背后都代表着一种创造。因此，父母不仅要鼓励孩子调动自己头脑中的知识，同时还要运用自己的知识储备，在这个过程中，父母的想象力也会跟着一起提高。

某位著名的教育专家也曾经提出过：父母要和孩子一起进行想象，在家长的配合之下，孩子的想象力也会越来越丰富，创造力也会随之而产生。

举个例子来说：看到一些散落在地上的树枝，孩子以前只是捡起来把玩一番罢了，可是在父母的引导和启发下，他们也许会把这些树枝凭借想象制成各种各样的玩具。当孩子拿出自己的作品欣赏的时候，父母肯定也会非常高兴。因此和孩子一块想象的时候，家长也会有意想不到的收获。

在孩子成长的过程中，周围的环境对其影响是非常大的。环境不好，孩子想象的欲望就会消失，在一个好的环境中，孩子想象的欲望才会更加的强烈，想要提高起来也就会变得非常容易。所以说，父母正是帮助孩子构筑这种环境的关键人物。

案例

五岁的迈克是一个非常喜欢探索的孩子，对海洋和森林尤其感兴趣，如海龟的集体产卵，深海鱼类的发光器，兽类是如何进化的，在这方面，他所了解的甚至比他的父亲还要多。

然而事实上，迈克的父亲对这方面并不是非常擅长。可是迈克的父亲觉得，虽然自己在动物方面没有迈克的知识丰富，可是他却可以引导迈克去思考，这比那些死板的知识更为重要。

有一天，迈克在电视上看到一群食人鲸集体猎捕一只刚刚出生不久的小灰鲸的画面，迈克觉得这实在是太残忍了，脸上也随之露出了比较恐惧的神情，看到迈克的表情之后，父亲问道："灰鲸和食人鲸谁大，谁更有力气？"他试探性地问迈克。

"灰鲸。"迈克答道。

这时候迈克的父亲接着问道："但最后为什么却是食人鲸胜利地捕食了小灰鲸？"

"那是因为有一大群食人鲸！"迈克脱口答道。

父亲又问道："如果没有动物去捕杀灰鲸，它的数量是不是会越来越多？接下来会出现什么情况呢？"

迈克想了一下，回答道："海洋里的小鱼小虾都会被它们吃完。"

"再然后呢？"父亲接着问道。

"很多海鸟都会因为没有食物而被饿死。"

就这样，父亲不断鼓励、引导迈克大胆假设，迈克逐渐搞懂了生物链上的关系。

技巧

既然父母的参与如此重要，那么究竟应该采取什么样的方式参与其中，又有哪些地方需要注意呢？

1. 父母主要应起到引导作用。

在培养孩子想象力的过程中，孩子才是真正的主角，父母们需要做的就是起好引导的作用。包括引导孩子在正确的方向思考，引导他们如何去想象，引导他们透过事物的现象来发现其本质。比如说像迈克的爸爸一样，多提供一些假设的问题去引导孩子，对激发孩子去思考是非常有帮助的。

2. 父母应多借鉴自己童年的回忆。

父母们也都经历过童年时期，只要学会换位思考，他们也就更容易理解孩子的心理，俗语说，知己知彼，百战百胜。在了解孩子的个性之后，和孩子一起进行想象也就会变得非常容易了，孩子也会觉得父母和自己的关系更加亲密了，配合起来自然也就会更加默契了。

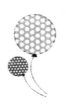

父母也要"叛逆"
——引导孩子不迷信权威

关键词

批判意识，批判性思维方式，叛逆。

指导

即使是经过科学家严密推断的东西，有的时候也难免会出现错误。所以，"质疑"，这是无论在科学上还是在生活中，我们都很熟悉的一个词语。

培养孩子的想象力也是如此。在追求想象力的过程中，一定要有敢于质疑的精神，更要有挑战权威的勇气。

当然，太多的孩子，会对某一种认知产生全方位的"膜拜"——这个公式是老师讲的、那个真理是偶像说的……面对这些人，他们自然无法产生质疑的态度。这个时候，父母就应当"叛逆"起来——不去赞扬孩子听话，反而去引导他们挑战权威！

只有不断否定那些旧的东西，才可能会有新事物的出现。有很多父母喜欢墨守成规，不允许孩子有一些疯狂的想法，其实这是一种非常错误的做法，丧失了创新能力，就等于剥夺了孩子的灵魂，更别提自身的进步。

家长作为孩子的第一任老师，榜样作用是不可或缺的，如果父母都是那种守旧的人，没有那种创新的想法，孩子的思想自然也会停滞在传统的道路上，丰富的想象力更是无从谈起。因此，要想让孩子"叛逆"，父母首先就要"叛逆"。

案例

有一天，物理学家郎之万给孩子们出了一道题目："如果在一个装满水的鱼缸里放入一定体积的物体，肯定会溢出来一部分水。可是如果放入的是同等体积的金鱼，水就不会溢出来。"孩子们听了以后感到非常奇怪，但是随之也都认同了郎教授的论断。

居里夫人的女儿伊丽娜却对这个答案感到怀疑，于是就向母亲寻求答案。居里夫人听了以后，笑着对女儿说道："既然你不明白这是为什么，为什么不亲自做一下实验呢？也许，你就是对的。"

女儿说："可是，我觉得这不可能……"

居里夫人说："孩子，有什么不可能？去试试吧！"

听了母亲的话之后，伊丽娜找来鱼缸开始做实验。事实证明，把同等体积的金鱼放入鱼缸后，一样会有水溢出来。

当伊丽娜再次见到郎之万的时候，就很不高兴地问道："您为什么给我们一个错误的结论呢？"然后将自己做的实验告诉了他。

郎之万笑着回答道："孩子，你很棒！其实，谁又告诉你科学家说的就一定正确呢？希望你能继续下去，发现我的错误！"

技巧

郎教授之所以会提出一个错误的论断，就是教育孩子不要迷信权威。居里夫人虽然没有明确指出这是一个错误的结论，可是她引导孩子自己找出了正确的答案，就是要告诉孩子不要迷信权威。这样，伊丽娜的想象力不仅没有被扼杀，反而更加大胆和丰富！

只有身上具备这种批判精神，才会有更大的勇气去探索未知的世界，创造力也由此而来。所以，父母一定要培养孩子的批判意识。

1. 告诉孩子：没有什么不可以。

无论孩子几岁，父母都应当引导孩子：所有的真理，不一定就是完全准确的，没有什么不可以！例如，我们引导孩子去研究万有引力：牛顿说得一定对么？在地球引力的基础之上，是否还有其他的作用，导致苹果只能落到地上？

当然，父母一定要记得：我们不能在这个过程中用封建迷信的观点，让孩子去否定科学。否则，孩子就会走上另外一条歪路。

2. 给孩子做出榜样。

一个总是亦步亦趋的父母，是不可能培养出敢于否定的孩子的。所以，在日常生活中我们不仅要鼓励孩子敢于挑战权威，自己也应当做出表率。例如，我们不妨在孩子面前多说说工作：其实我觉得，领导的这个方案并不是最佳的！来，儿子，你听听我的方案怎么样！

当然，否定不是恶意攻击。在挑战权威时，我们绝不能咒骂、攻击他人，而是应当用平和的心态说明事实，这样才不会让孩子染上坏毛病。

学学苏格拉底的教学风格

关键词

启发式教育，注重引导方式，把孩子当成"主角"。

指导

只有那些生动活泼的教育形式，才最能吸引孩子的注意力。

苏格拉底是西方最早实行启发式教育的人，至今已有两千多年的历史。虽然年代久远，但是我们不得不承认，启发式又是一个新鲜的教学理念，随着时代的发展，科学技术的传承，人们又赋予启发式以新的内涵，尤其在对孩子培养的应用上。

可以说，苏格拉底的教学风格，如今在西方非常普遍。在西方家庭中，孩子的创新能力培养是重中之重，尤其在各种美国电影中，我们都会看到这样的场景：

父亲和孩子一起去科技馆，他们都是那么兴趣盎然；

母亲陪着孩子一起进行创作，也许是一部短片，也许是一段程序代码；

全家一起趁着周末，研制看似让人摸不到头脑的发明。

……

这一切当然不只是电影，而是现实的直接折射。通过这样的活动，孩子的想象力就会得到全面的提升。更重要的是，全家人一起进行探索和发现，这对孩子的积极性和兴趣，都会产生极其有效的作用。这个时候，父母已经不是一个旁观者，而是整个活动的参与者。

如果，父母都能够参与到孩子的启发式教学中来，那么，我们又何必担心孩子的想象力不够？

如果，我们能和孩子融入一起，参加到他的想象力提升课程中，那么，我们又何苦会对孩子的想象力感到失望？

当然，对孩子进行启发式创新教育，并非中国父母做不好，而是总容易忽略一个细节：对孩子动手能力培养的轻视。小孩子都有好动的天性，比如说在墙壁上乱画，拿剪子或刀子在书本上乱剪。有很多父母看到后的第一反应就是制止，而正确的做法应该是：通过这个过程引导孩子学会一个动手技能和操作技巧，循循善诱告诉他应该爱护东西，一味地否定只会抹杀他们的创新能力。

由此可见，启发式教学方式，可以调动孩子的思维以及学习热情，帮助孩子学会独立思考，促进其个性的发展。在家庭教育中，父母把研究性学习的方法贯穿在简单易懂的内容中，将理论与实践相结合，让孩子做到自己能动手参与，让孩子在亲身实践中进一步提高自己的想象力。

案例

有一天，小明在桌子上看到一张报纸，突发奇想：为什么不用这张报纸做一个好看的帽子呢？想到这里，小明说干就干，从屋里拿出剪刀和胶带，行动了起来。

因为之前没有做过，可想而知，小明不断地修修剪剪，没过多久，一张报纸就被弄得破烂不堪。

爸爸下班回来看到之后，这才发现原来小明剪的正是当天的新报纸，他没有来得及看。虽然爸爸此时非常生气，可是看到小明兴致高昂的样子，并没有去责怪小明，而是和他一起研究了起来。

看到小明没有一点头绪，爸爸并没有直接告诉小明应该如何做，而是一步步地启发小明去想。在爸爸的帮助下，小明很快就做好了一顶报纸帽。

技巧

教育从来都不只是为了告诉孩子某个答案，而是为了培养孩子的思维方式、自学能力，让他们自己学会打开知识宝库的大门。父母作为孩子最重要的老师，自然是责任重大，那么，父母究竟应该怎么做呢？

1.采用最适合孩子的引导方式。

每个孩子的性格特点都有所不同，如果父母都只是照搬书本，采用同样的启发式教育方式来引导孩子，难免会效果不佳。因此，父母应该也要开动脑筋、细心观察，了解孩子的兴趣爱好。比如说，如果孩子比较喜欢拆装玩具，父母就可以多在这方面加以引导，提高孩子的动手能力和想象力。

2. 孩子才是"主角"。

很多父母在教育孩子的时候，往往会走入一个误区：永远只站在自身的角度考虑问题，把自己的想法强加给孩子，导致孩子失去自我思考的空间。在对孩子进行启发式教育的时候，父母尤其要注意来规避这点，时刻提醒自己只起到一个引导的作用，孩子才是"主角"，只有这样，他们的想象力才能够真正地被激发出来。

行动起来，和孩子一起说故事

关键词

引导联想，做忠实的听众，激发孩子的兴趣。

指导

　　每个孩子的心中都有一个童话梦，在那些童话故事的情境中，他们都曾把自己设定为其中的主人翁，凭借着自己的想象，来构筑自己心中的童话城堡。

　　其实，童话故事作为一种形象的语言艺术，它的形式和孩子们的年龄是非常契合的。孩子在听故事的过程中，通过父母口中所说的那些词语，他们都会联想到具体的形象和活动，从而引发他们运用以往的生活经验产生联想。由此可见，想要提高孩子的想象力，父母们也需要在这方面下功夫。

　　当然，这里说的"下功夫"，绝不是说让孩子自己努力，而是应当与他一起，去融入故事之中。

比如说，在给孩子讲故事的时候，父母可以让孩子描绘一下故事中的画面，或者是故事中人物的形象到底是怎么样的，穿什么样的衣服，正在做什么事等等，如果有条件的话，父母还可以和孩子一起来画故事中的形象，然后进行对比。这不仅提高了孩子的动手能力，也激发出了孩子的想象力。

此外，父母在讲故事的时候，还可以训练孩子续编故事结尾的能力。续编故事结尾、编创诗歌等，都是创造力的高标准体现。父母在结尾处可以来一个"且听下回分解"，"后来又发生了什么呢？"……通过这样的词汇来引起孩子的联想，继而续编故事。德国诗人歌德的母亲，自歌德两岁起就对其有意识地进行这方面的训练，歌德之所以能够成为一个优秀的剧作家，和母亲的教育有着很大关系。

作为一个合格的好父母，就要花一点时间陪孩子阅读，用最动听的故事感染孩子，用最形象的例子去激励孩子，用最巧妙的提问启迪孩子。当我们能够成为孩子快乐的一分子时，他的想象力提升就会愈发迅速。

案例

小海是个三年级的孩子，他很喜欢和妈妈一起做一个游戏：给故事编结尾。这天，他和妈妈又玩了起来。妈妈讲了这样一个故事：

"在辽阔的大海上，有一条小蛇从河里游了进来。它好兴奋，因为它一直都想看看大海的模样。这时候，一只小乌龟从身边有过，问它，你是从哪里来的？小蛇说，我是从很远很远的一个大山里游来的。那座山，叫作花石山。这时候，小乌龟突然紧张地游走了。小海，你说这是为什么？"

小海想了想，说："难道，难道乌龟和小蛇有仇吗？"

妈妈说："那么，它们到底有什么仇恨呢？"

小海说："一定是这样的！小乌龟也是在花石山出生的。我知道蛇最爱偷蛋吃，也许小乌龟曾经见过这条蛇吃了它的兄弟姐妹，这时候认出来了所以就吓得赶紧跑了！我猜想，小乌龟认出小蛇的时候，一定是特别害怕，两只眼珠子瞪得大大的，就像这样！"说着，他还用力地瞪着眼睛，模仿害怕的样子。

"哈哈，小海你可真厉害！妈妈都想不出来原来是这样呢！"妈妈笑着说道。

后来，小海的作文能力非常强，他骄傲地说："都是妈妈的培养，才让我有这样成绩！"

技巧

在妈妈引导小海给故事编一个结尾的时候，也就是小海在利用自己的想象力来进行思考的时候，那么，父母在引导孩子给故事编一个结尾的时候，应该如何来做呢？

1. 掌握激发孩子"编结尾"兴趣的秘诀。

在讲故事的过程中，亲切自然的语气，抑扬顿挫的语调，恰到好处的语速……这些都会增加故事的感染力，真正激发起孩子的兴趣，进而激发其联想的可能性。例如，同样说一个故事，你用"完了！马上悲惨的事情就要发生了！我都有点紧张了！"和"悲惨开始了"两种方式，哪种更能调动孩子的积极性自然不言而喻。

同时，父母还要学会准确地把握时机，引导孩子进行发散性思维，编出不同的情节和结尾。

2. 随时暂停，随时提问

要记得，和孩子一起说故事，不是简单地"讲故事"。我们不必拘泥于结尾，而是可以随时向孩子进行提问，让他编写后面的故事。甚至，我们也应该激活想象力，和孩子交替地编故事，这样，他会更加陶醉其中！

3. 孩子讲述时，尽量做听众。

每个人，都渴望在讲故事时成为主角，身边的人做一名忠实的听众，孩子也不例外。所以，当孩子开始说故事时，我们要尽量保持安静，以一种期盼的心态，来听孩子会怎样讲述，尽可能表现出一种陶醉感。

当然，做听众并非一言不发。在恰当的时候，我们不妨发出各种惊叹词，这样就会让孩子感受到一种成就感。需要注意，父母的这种情感一定要发自内心，只有这样，也才能够真正地带动孩子，而不是敷衍地感慨。

帮助孩子做"假说家"

关键词

引导孩子去"假说",父母也要成为"假说家"。

指导

所谓的假说,顾名思义就是指对既定的事实进行猜测或设想。

著名的英国科学家牛顿曾经对苹果向下掉产生了好奇,这个现象我们当然也都很熟悉,可是很少有人会对"为什么"感兴趣,只有牛顿想找出其中的规律。在认真观察了很多自然界的现象之后,他就提出假说,利用数学模型,总结出适用于大千世界的万有引力模型。之后他进行了一系列的实验去求证,最终成功证实了自己的假说,这才有了力学上最著名的万有引力定律。

离开了这一个个假说,很多伟大的真理就不会诞生,由此可见,假说的设立对科学研究是多么的重要。而且从某种程度来讲,很多真理的来源就是假说。

假说是什么？事实上，这就是一种大胆的想象！

其实不仅是在科学研究上，实际生活中我们也同样离不开假说。对于孩子提出的假说，父母一定要抱着端正的态度，假如孩子的假说得到了证实，这就代表了孩子想象力的成功；如果失败了，也不过是排除了一种失败的可能性，但是这促使孩子往前走了一大步。

当然，允许孩子提出假设，这是第一步；关键的一步就是——走进孩子的假设，与他一起进行想象！

孩子能够自己提出假说并证实的过程，是一个非常宝贵的锻炼过程。在证明假说的过程中，父母和孩子可以一起进行讨论和交流，逐步证实自己的结论，这既锻炼了孩子们的想象能力，发挥了思想能动性，更促进了创造力的发展。所以，让我们走进孩子的世界，帮助他成为一名"假说家"。

案例

"蚂蚁最喜欢吃的是什么呢？"

在这一天的生物课堂上，王老师提出了这样一个问题。这可把同学们都难住了，平时大家经常会看到蚂蚁会组队把一些食物搬回家，可是从来没有考虑过什么才是它们的最爱。

思考了一段时间之后，小红说道："我们可以用不同的食物来做一下实验啊。这个建议得到了同学们的一致赞同。王老师也高兴地说下周的实践课同学们可以分工带一些食物进行实验，现在大家可以设想一下蚂蚁可能会喜欢吃什么。

同学们听了以后，开始展开了激烈的讨论。

有的孩子开始说喜欢吃肉，还有的小朋友说是水果，还有的说是巧克力……各种各样的奇怪答案层出不穷。王老师鼓励大家尽情发挥自己的想象力，多考虑一些情况。

在这一周的实践课上，同学们从家里带来了自认为蚂蚁喜欢吃的东西，一项有意思的探究活动也就开始了。经过仔细的观察和实验同学们发现，原来蚂蚁最喜欢的还是昆虫类，还有一些甜的东西。得到答案之后，同学们高兴地向老师报告了这个情况，王老师笑了笑，决定借此时机好好地提高一下同学们的想象力，于是问道："大家有没有想过蚂蚁为什么会喜欢这些食物呢？"同学们听了以后，又开始积极地投入到了讨论当中，王老师的脸上露出了欣慰的笑容。

技巧

王老师先是让孩子们提出了各种假说，继而又引导孩子自己验证，让孩子大胆去操作。在探索的过程中，孩子们学会了用正确的方法来验证自己的假说，不仅让他们得到了锻炼，也加深了他们的印象，

老师可以这样做，父母当然也没有问题。那么，具体应该怎么做呢？

1. 孩子们的每一个假想都是非常宝贵的。

在孩子的眼中，他们想要了解的事情真的是太多了，花儿为什么会开，飞机为什么会飞……在好奇心的驱使下，他们总是有很多新鲜的事物想要了解。同样，他们也会经常冒出一些看似奇怪的论断：鱼也可以在陆地上自由地呼吸，在月球上我们也不会失重……

当孩子有了这样的想法之后，父母们千万不要以为是他们在搞怪，相反，而是要去了解他们这些非常珍贵的想法，鼓励他提出各种假说。因为，孩子

们的想象力就是在这个时候得到提升的。

2. 引导孩子学会"百花齐放"。

要想真正提高孩子进行假设的能力，父母还要引导孩子多变换角度去思考问题，不要总是局限在一种考虑问题的形式中，"百花齐放"方能真正提高孩子的想象力！

因此，父母们不妨从日常生活入手，多设置一些具体的情境，激发孩子提出假说的兴趣；还可以巧妙地为孩子量身制造一些障碍，有的放矢地引导孩子，让他们学会发散性思维，全方位地提升想象力。

3. 父母也要成为"假说家"。

千万不要以为天马行空的想象只是孩子的权利，父母们也可以尝试着多进行一些假设。只有亲身实践，我们才能更好地去领会孩子的想法，进而积极地去鼓励他们。

不要太过在意自己的想法是否科学、是否准确，要像孩子一样大胆地想，勇敢地做。要知道，父母的这种想象力可以更好地让孩子成为一个"假说家"。

留意孩子的每一次突发奇想

关键词

给孩子提供环境，从细节入手。

指导

　　面对孩子的突发奇想，你是否会感到不屑一顾？当他们说出一些豪言壮语的时候，你会不会说这是不切实际的幻想？

　　想象是孩子的天性，脑中蹦出一些天马行空的想法更应该是常有的事，当孩子有这样的想法时，父母先不要一味地想要阻止，而应该多给予鼓励，不能用成人的眼光来否定孩子的梦想，哪怕它们看上去是多么的不可能实现。

　　今天的社会由我们主宰，但孩子却属于未来！很多想法我们没有办法实现，那仅仅是我们无法办到。孩子能够"突发奇想"，这本身就是一种非凡的创造力，已经是迈向梦想的第一步。我们不该以怀疑、嘲弄、否定的心态看待它，而是应该考虑如何去鼓励他们的这种"突发奇想"，帮助他们打开未知领域的大门。

很多时候，孩子提出的问题也许会让父母一时语噎，其实这也没有什么关系，家长首先要表扬孩子很会提问题，如果孩子的问题父母一时没有办法解决，可以在查阅了相关资料或者是请教了其他人之后再告诉孩子。同时还有一点需要特别注意，如果父母答应了孩子，就一定要做到。

案例

在美国的一个小学里，有一天老师布置了一篇作文，名字是《我的志愿》。

其中一个孩子飞快地写下他的梦想：他希望自己能够拥有一片庄园，里面有无数的小木屋、烤肉区，旁边还要盖上一间温暖舒适的旅馆，可以供前来参观的游客歇息，一起分享这座庄园。

老师看了他的作文之后，就要求他重新写一篇，给出的理由是，这不是志愿，而是空想。孩子听了以后一直向老师争辩，说这就是他的志愿。可是老师依然认为这只是个空想，坚持要他重写，否则他的作文成绩就只能不及格了。到最后，那个孩子始终不愿改变他的梦想，所以他的作文仅得了个不及格。

三十年之后，这位老师带着一群小学生到一处很美丽的度假庄园旅行，这时候他遇到了当年的那个小男孩，现在的他已经是这家庄园的主人。老师认出他之后，感觉非常惊讶，但心里面更多的是惭愧。

技巧

面对孩子的突发奇想，老师当初表达了一种否定的观点，可好在孩子坚持了下来，并最终实现了自己梦想，倘若孩子当初听了老师的要求，恐怕也就没有了今日的成就。由此可见，孩子的每一个想法我们都不能够轻易否定，那么父母在这方面究竟应该怎么做呢？

1. 给孩子提供能够"突发奇想"的环境。

某项研究结果表明：当孩子处于一种自由、安全的心理状态中，他们就可以驰骋想象、任意表达。因此，父母应该保证孩子有适当时间、空间，在集体活动之外能够有更多的私人空间，这样他们的想象力才能够得到尽情的发挥。

为了让孩子感受到自己的创造乐趣，父母应及时鼓励孩子表露创造性的想象，让孩子自己尝试着去解决问题，孩子自由地游戏、绘画、表演等都应受到赞许。对创造性活动较少的孩子，他们也应该按照自己的方式来进行活动，一次不成功，可鼓励他们再作尝试。

2. 从细节入手去鼓励。

孩子的那些突发奇想，大多是从一些细节之处得到的。对于父母来说，我们也就相应地要变得细心起来，注意捕捉孩子的每一个灵感的火花，对于那些非常新颖的想法，我们应该时刻保持赞许支持的态度，鼓励孩子在想象的道路上越走越远。

例如孩子说："如果我把夏天所有的冰糕棍全部收集起来，那么是不是能打一个小板凳？"这时候，我们不妨鼓励孩子去做，无论成功与否，都和孩子一起见证这个过程。

孩子的联想能力，需要由你来引导

关键词

类似联想，接近联想，对比联想。

指导

　　一个新事物诞生的背后，通常都离不开一个丰富的联想和想象。

　　如果父母从小就注意对孩子联想、想象等非逻辑形式的思维培养，无异于给孩子的创造力插上了一对翅膀，让孩子可以在更广阔的天地自由地翱翔，这样的人生也才会更加的绚烂多姿。

　　鲁班是我国古代著名的工匠，他曾经为建造宫殿所需的木头很难截断而头疼不已。有一天他路过一片草地，不小心被一片树叶划伤了手指，仔细一看，原来是一片叶边呈锯齿形状的草叶，这个时候鲁班联想到为什么不制造一种这种形状的工具来截断木头呢？想到这里，鲁班回到家里便开始苦心钻研，最终成功发明了锯条。

鲁班没有依靠父母，而是通过想象创造了奇迹，那么，倘若有了父母的支持，我们的孩子会爆发多少创造力？这是个多么棒的假设啊！

所以，在日常生活中，父母一定要引导启发孩子去联想，尤其是创造性联想，比如说那些比较简单的现象和物品，让孩子学会展开合理的联想，在想象力的作用之下，自然而然地也就有了创造力。

例如，把一份报纸和一根火柴放到孩子的面前，他能想到什么？

让孩子将一盒冰淇淋放在自己的面前，然后自己猜有多少种吃法，会给孩子带来怎样的启发？

带着孩子去联想，与孩子一起去想象，那么他怎么可能不拥有一个高端的想象力？

案例

星期天的早晨，妈妈带着甜甜在公园里散步。走到一半的时候，妈妈就和孩子聊了起来："你看，路上有黄线和白线，你会想到什么？"

甜甜想了一下，说道："我会想到国旗！欧洲一些国家的国旗就是这个样子！"

妈妈随手指着路边的圆形的小土堆："这像什么呢？"

甜甜立即回答道："像是一口翻着的大锅。"

妈妈笑着说道："你的联想还真是丰富！那看到对面的那辆消防车，你又想到了什么呢？"

甜甜说道："好像是马里奥叔叔的马！（马里奥就是红白相间的卡通形象）"

"你看这河面?" 妈妈又接着问道。

"就像是一个满脸皱纹的老太婆," 甜甜说, "妈妈,那你觉得它像什么?"

妈妈一愣,显然没有想到孩子还会给自己提问。但是她没有着急,而是想了想说:"我觉得像一个书包。当然,这个书包里没有书,而是有小鱼、有水草、有小虾……这是个特别的水族馆书包!"

"哇,妈妈好厉害!" 甜甜拍着手说, "我也要继续想,超过妈妈!"

技巧

通过这个案例我们可以了解到,只要细心观察,生活中处处都有教材。正是在妈妈的引导下,甜甜才能在生活中处处展开自己联想的翅膀。与此同时,妈妈的联想,也进一步激发了孩子的想象力,这就像一场竞赛——两个人的想象力互相"较劲",这个时候孩子的想象思维自然越来越强!

所以说,父母不要以为锦山绣水的风景才是教育孩子的好素材,那些看上去不起眼的东西也都可以作为一个个生动活泼的例子。引导孩子回答"想到了什么",这是在引导孩子去联想;引导孩子回答"像什么",这是在培养孩子的想象力。

1. 引导孩子进行类似联想。

这种联想方式是通过事物的表象来进行的,比如说,父母可以拿出一张红色的图片,让孩子想一下还有什么东西是红色的,如红旗、血液、口红等等。通过这种联想,可以训练孩子发散性想象的能力。

2.引导孩子进行接近联想。

接近联想是由一种事物联想到接近事物的过程。比如说,一讲到春天,我们就能从接近的角度想到桃花、柳树、播种;说到首都我们就会想到天安门、长城、人民大会堂。父母可以和孩子玩这样的游戏：把一个六面都写有名词的"骰子"抛向空中，当骰子落下来之后，哪个面朝上，就快速说出与此画面接近的事物，说的又多又快的就算胜利。

3. 引导孩子进行对比联想。

所谓的对比联想，就是通过总结一个事物的特征，来找出和它具有相反特质的事物。在引导孩子进行这种联想的时候，父母可以锻炼孩子在进行词的对比联想的基础上说出不同事物的对比特征，比如说：猫是非常温顺的，而老虎则是非常凶猛的；蛇爬得很快，而乌龟爬得慢；燕子一般都在低空飞行，而大雁则在高空飞行。

其实不管是哪种联想方式，都需要孩子在头脑中形成具体的形象，由于个体的差异，联想出来的东西也就有所不同。父母在活动过程中要注意灵活变通，鼓励他们养成善于联想的习惯，丰富他们的想象力和创造力。

4. 互动过程不可少。

正如案例中甜甜的妈妈，互动是孩子提升想象力不可缺少的环节。也许，我们的想象力不如孩子，这会让孩子感受到成功感，愿意主动去想象；也许，孩子的想象力稍逊，这也会激发孩子的好胜心，主动和父母进行"竞赛"。这种一石二鸟之举，我们为什么要忽视呢？

第六章
游戏给想象力插上翅膀

　　孩子最喜欢的是什么？不是说教，更不是训斥，他们爱的是游戏！所以请别忘记，通过游戏提升孩子的想象力，这才是提升想象力最佳的渠道！前卫的教育理念组合准确的游戏模式，相信用不了多久，你的孩子就能成为下一个阿姆斯特朗！

游戏
——想象力腾飞的助推器

关键词

游戏提升想象力，开阔思维，动手能力。

指导

　　究竟如何才能迅速提升孩子的想象力？当然要针对孩子的特点，做到因材施教。

　　那么，孩子的特点究竟是什么？游戏！

　　游戏，这是所有孩子都热衷的活动，更是孩子提升想象力的重要手段。在游戏中，孩子可以把一个物体不断变化着代替另一个事物，也可根据想象不断变化着代替另一个人。

相信所有的父母都见到过，当孩子拿着一块儿积木时，他们一会儿用它当枪，一会儿用它当树，一会儿用它当机器人。总之，无论什么样的东西到了他的手里，都会变成一个神奇的"宝贝"，他们的想象力，在此刻展现得淋漓尽致。

而游戏与单纯的思维锻炼不同，游戏不仅可以让孩子的想象力得到全面提升，更能通过想象力提升自身的动手能力，从实践中做出准确的判断和思考。例如，孩子在玩球时，不小心把球搁在了树杈中，他们就用另一个球想把它击打下来，还有的用脚踢树干、摇晃树干、用长棍子去捅球等等。他们会动用所有的思考，来想一想如何解决问题。

想象力加上实践，这就是游戏给孩子带来的最佳体验。

所以说，那些看到孩子做游戏就命令他立刻停止的父母，显而易见是大错特错的。也许，你总是限制他的游戏时间，让他去模仿那些所谓的"乖孩子"，并且取得了不错的成绩，但事实上他的思维能力就只剩下了"模仿"。他们无法去通过自己的想象力观察世界，只能跟在别人的后面。这样的孩子，思维能力怎可能过硬？随着他的长大，各种问题也会愈发凸显。

案例

小军今年上小学三年级，不过他似乎不是很聪明，对于拼音的学习一直很差。而身边的同学们，早已在这个方面做得非常优秀。

妈妈看着小军的这个样子，自然非常着急，也用了很多方法，可始终效果不佳。后来，她想到了一个办法，轻松解决了小军的问题。

原来，妈妈通过朋友的建议，给小军设计了一个游戏。妈妈把他最爱吃的火腿肠分批藏起来，并且在几张小纸条上用汉语拼音标出了藏火腿肠的地点。

并告诉他："只要你能通过纸条上的拼音找出火腿肠，那么所有的火腿肠都是你的！妈妈知道你爱吃火腿肠，所以你一定没问题！"

一开始，妈妈还很担心小军能不能做好。因为过了20多分钟，他还是没能找到一个藏宝的地方。这时候，小军已经有些着急了。面对那些看不懂的拼音，他根本不知道该怎么办。

这个时候，妈妈想到了朋友的话，于是急忙对小军说："小军，拼音的基本方法你已经明白了，那么你能不能自己联想一下，尝试着如何去拼？"

小军点了点头，开始了想象："H,这个应该就是香的第一个拼音……不不，我要先把这些字母尝试着分开……妈妈，帮我把语文书拿来好吗？"

就这样，凭借着自己的想象，还有语文书的指导，小军终于拼出了拼音。他找到了火腿肠并开始大快朵颐。妈妈看着他的样子，心里无比欣慰："没想到一个游戏，就能让孩子有这么大的变化！"

技巧

游戏的好处就在于此，它会让孩子主动拓展自身思维，愿意通过想象力来发现问题、解决问题。这远比父母的督促或训斥有用得多。所以，多多利用游戏提升孩子的想象力，这是非常值得推荐的方法。

1. 正确认识游戏的重要性。

很多父母都有这样一种认知错误：游戏只能耽误孩子，让孩子玩物丧志。很明显，这是一种偏激错误的认识。其实，一个喜欢参与游戏的孩子，已经具备以下优势：想象力丰富，善于沟通，动手能力强。他们会通过主动思维来联想事情该如何去做，并通过行动来检验自己的想象力。这种能力，是单纯的教育永远达不到的。

所以，面对游戏，父母不妨放松一点，鼓励孩子通过游戏提升想象力。要明白，游戏所带给孩子的，并不是游戏本身那样简单。

2. 为孩子的游戏把关。

不可否认，现在很多孩子的游戏，都集中于家用电脑或平板电脑之上。这其中的很多游戏，都能给孩子带来丰富的想象力，但有一些充满暴力或色情的游戏，却并不适合孩子。所以，对于电脑游戏，父母要多把关，多推荐孩子玩一些益智类的游戏，屏蔽那些不健康的游戏。

3. 和孩子一起游戏。

父母最应当做的，是和孩子一起游戏，这样孩子才能接收到积极的引导。例如在周末，带着孩子一起去户外，让孩子看看那些极限运动高手，然后鼓励他想象自己如何做好这些动作；再如邀请孩子的朋友来家里做客做游戏，自己来做裁判，这样与孩子进行全方位的互动，他们就会更加理解父母的意图。

右脑与感官的想象力游戏训练方案

关键词

右脑锻炼，感官锻炼，想象力核心。

指导

现实中，我们会看到有这样的一些孩子：他们喜欢游戏，但想象力依旧有限。绝大多数的时候，他们只愿意做一名"随从"，别人说什么，他就做什么，很少能够通过自己的想象力，来成就某一件事。

为什么会如此？很简单，他的右脑能力并没有全面被激发。科学家已经得出结论，想象力存储在人类的右脑当中，而想象是思想或者行动的依据之一。而左脑，则主要负责行动力。所以，那些想象力不够丰富的孩子，正是因为右脑的能力有所欠缺。通过游戏激发他的右脑能力，这成为了当务之急。

与此同时，感官能力也是非常重要的环节之一。感官能力，决定了孩子对事物的正确认知，如果感官能力较差，那么他的联想能力也将太过离谱。而感官能力的训练，可以通过很多手段，例如信号灯。交通信号灯是很常见的东西，所以能够比较容易地想象出它的样子，并且红、黄、绿这几种颜色是很好想象的颜色。通过这种游戏训练，他的感官能力就会得到显著提升，想象力也会突飞猛进。

案例

小聪的想象力一直不算优秀，所以，妈妈把他送到了一家以脑力训练出名的培训班。上课前，老师对他进行了一番测试，然后对他的妈妈说："小聪并不是笨，而是右脑和感官能力不强，所以稍显愚钝。我们会根据他的情况，专门设计一些课程的。"

几天后，妈妈问小聪："你觉得培训班有用吗?"

小聪说："嗯，妈妈，我觉得很有效。"

妈妈问："老师给你设计怎样的课了?"

小聪说："老师给我拿了一个钟表，然后和我说，时钟的指针有长有短，非常适于进行不同的想象。当我想不出来的时候，还可以快速地看一眼自己的手表，再把眼睛闭上在脑海中想出它的样子。过去我总是想象不出来钟表究竟是怎么走的，也感觉不出来现在到底几点，但这一次课我觉得钟表好像活了一样在我的脑海里，而不是过去那样死板地挂在墙上！妈妈，现在让我想象几点了，我觉得不会再有很大的误差了！"

妈妈很庆幸，给小聪找到了一个合适的培训班。经过几个月的训练，小聪果然有了明显的进步，变得活泼开朗了许多，脑子里有了很多的想法，而不是遇到问题就缠着妈妈帮自己解决。

技巧

右脑训练与感官培养，这是想象力提升的关键。所以，我们一定要进行主动训练。对于右脑来说，这些训练游戏，会起到积极的作用：

1.观摩想象：盯着某一物体 5 秒钟，然后闭上眼睛进行想象训练。

2.太阳想象：盯着清晨初升的太阳 30 秒钟，然后闭上眼睛，作光源的再现训练。让孩子想想，太阳是如何发出光芒的。

3.图画想象：仔细看一幅画 20 秒钟，然后让孩子闭眼开始回忆，并要求他去想象这幅画还有哪里不完美。

无论哪一种方法，都会让孩子的右脑想象功能大为提升。

而对于感官的训练，也有一定的方法。通常来说，柠檬是不错的想象材料。因为柠檬鲜艳的颜色和光滑的手感，以及若有若无的香味和口感，会让孩子从视觉、嗅觉、触觉、味觉各方面综合想象。

一开始，父母不妨让孩子多看柠檬，观察它的形状、颜色，摸摸它的质地，然后闻闻气味。接下来，让孩子闭上眼睛，重复这些印象。然后，我们要让孩子开始联想：倘若自己钻进柠檬里，会看到里面有怎样的情形？外面的颜色，是否和里面的颜色一样？如果吃一口，会有怎样的口感？

最后，我们可以让孩子睁开眼睛，记住刚才的想法，然后品尝柠檬的味道。久而久之，他们无论拿到什么，都会在第一时间进行联想。

当然，其他水果同样也可以达到这个效果。甚至，让孩子想象喜欢的明星为何有某些习惯动作，都会对想象力提升有很大的帮助。因为想象遵循"对有兴趣的对象才能清晰地想象"的基本原则，所以也不妨大胆尝试。

最提升想象力的亲子游戏

关键词

游戏，亲子互动，别让孩子孤独。

指导

"自己去玩吧，妈妈还在忙呢！"

"孩子，这个游戏爸爸不擅长，你自己玩吧！"

……

相信所有的父母，都对孩子说过这样的话。也许在父母看来，孩子的游戏太过幼稚，或自己的工作的确很忙，因此拒绝他是自然而然的事情。但殊不知，这样做却大大封闭了孩子想象力提升的渠道。

这绝不是危言耸听。因为在孩子的眼里，父母就是自己的一座指向标，当父母总是拒绝自己时，他就会感到一种心灰意冷：父母冷落了自己，父母不爱自己，自己永远是孤独的……

当孩子体会到的是孤独，他的思维能力怎么可能突飞猛进？所以，不要觉得孩子提升想象力是自己的事情，我们要行动起来，和孩子一起做游戏。

案例

刘刚的爸爸最近很是苦恼，他觉得自己的孩子太笨，别人很快就能看懂的问题，他却总是一脸迷茫。有时候让他自己想想该怎么锯木头，刘刚也是连说"不知道，不知道"。

为了解决这个问题，刘刚的爸爸可谓煞费苦心：给他买了很多童话书，还有不少动画片，但刘刚看的时候很高兴，看完之后依旧还是那个样子。后来他找到了一位教育专家，说出了心里的苦恼，教育专家说："你的孩子是想象力不足。"

爸爸说："这一点我也明白。所以，我给他买了不少玩具，还有一些益智类的书籍，可是为什么没有一点用呢？"

教育专家说："你想的太简单了。其实，孩子需要的不只是简单的知识，他需要你的帮助，需要你与他一起游戏。"

爸爸有些疑惑地说："和他一起游戏？这能行吗？"

技巧

教育专家说的没错，想要提升孩子的想象力，我们就应当放下身段，和孩子一起游戏，一起在快乐中获得收获。

以下这几个游戏，就是非常适合父母与孩子一起玩的想象力培训游戏。

1. **看图影猜动物**。

通过影子，让孩子主动去猜测是什么动物，并且要求他开动想象力，来一番有创造性的解说。

方法：

打开手电筒照在手上，然后做出各种手势，在墙上显示出各种动物形状的影子。

让孩子去猜测是什么小动物。当然，植物等也都可以，然后做出动作让他去描述。

注意事项：

孩子即使说错了也没有关系，哪怕联想的是其他动物，这也是他的想象力提升过程。

2. **种小树**。

通过让孩子体会小树成长的过程，提升他的想象力和观察能力。

方法：

家长扮演农夫，孩子扮演种子。然后家长假装耕地，并给小种子浇水。

让孩子做出小种子慢慢发芽、长高的样子。这其中，应当要求他想象小种子如何破土，如何长出枝桠。

最后，小树模拟开花结果，然后家长采果子。

注意事项：

父母在与孩子做这个游戏时，应当提前做好准备，例如玩具果实、蓝色的衣服、小水桶等，这样才能给孩子带来更强烈的代入感。

3. **吹一吹，猜一猜**。

用最简单的材料，让孩子的想象力得到丰富的锻炼。方法：

准备光滑的桌子一张、清水一杯。

将桌子收拾干净，并将清水倒在桌面上，然后问孩子这个形状像什么。

父母可以继续吹动桌面上的水，变化出不同的图形，让孩子来猜测。

4. 捏橡皮泥。

橡皮泥具有非常高的可塑性，所以这也是锻炼孩子想象力的最佳工具。

方法：

父母通过各种方法，捏出不同的东西让孩子来猜测。

给孩子看了一个东西后，然后让他通过自己的想象去捏。

让孩子自己捏橡皮泥，然后说明这是什么，并结合其他的橡皮泥讲一个小故事。

5. 添一添，画一画。

通过另类美术的方法，让孩子和自己参与到这个活动中，不仅提升了想象力，更加提升了绘画能力，同时还要考虑别人的意图。

方法：

父母和孩子一起画画，每次每人只能添加一笔。

当这幅画完成后，要让孩子讲一讲，这幅画有什么样的故事。

注意事项：

父母尽量不要问孩子准备画什么，一切都按照他的想象来。画完之后，无论好坏父母也不要随意批评，哪怕过于抽象也要让他去讲述其中的故事，这样他的想象力才能得到锻炼。

其实，类似的亲子游戏还有很多，只要父母多动动脑筋，那么就会发现身边有很多可以巧妙利用的游戏。

拆卸家电，也是一种想象力游戏

关键词

维修家电，拓展思维，动手能力，功能想象，安全事宜。

指导

家电，这是我们非常熟悉的东西。家电很奇妙，它实现了人类很多幻想的事情：可以不用火就做好饭、可以将人装在一个小盒子里活动、可以不用动手就让衣服很干净……

正是因为有了想象，所以越来越多的家电诞生了。

而孩子，恰恰对这些家电很感兴趣。尤其是男孩子，几乎没有一个不爱拆家电的。小到手机，大到电视机，他们都会想将其拆卸一番。在他们看来，这就是一种游戏。

拆拆装装，其实，这正是孩子在满足自我想象力、提升自我想象力的过程。可是，有多少父母会允许孩子这样做？听听父母们的训斥吧：

"又把东西弄坏了，你怎么这么不听话？"

"万一伤着了自己怎么办？"

"你是不是有多动症？"

……

这样的责骂，哪一个孩子会感到陌生？久而久之，孩子们对于家电的兴趣越来越低，最终好奇心彻底消失。结果，一直梦想的想象力，也和孩子彻底"绝缘"。

有的父母会说："即使没有危险，让他拆卸家电又有什么好处？难道还要他修理吗？请个维修工就好了！"在他们看来，孩子的心思还是用在学习上更好些。

正是父母的这种心理，孩子失去了探索的权利和创造力，想象力大打折扣。其实父母不知道，很多的发明都是从不断的"破坏"中创造出来的。有一个例子最能说明问题：如果没有破坏，诺贝尔就不可能发明出炸药！

所以，对于孩子拆家电的游戏，我们还是尽量地满足他。当然，这里有一个前提，那就是——安全。

案例

在王晨看来，没有什么事情比拆卸家电更有意思了。从三年前他学着拆家里的旧电视开始，就注定了他要成为家里的"破坏大王"了。其实连他自己也搞不懂，一看到那些各式各样的电器，他就开始手痒痒起来，想要搞懂它们的原理。也正因为如此，同学们还给王晨起了一个"拆卸大王"的称号。可以说，无论手机还是相机，只要到了他的手里，就注定"破镜难圆"。

这个周末，王晨并没有出去玩，可是他看上去依然非常兴奋。原来，他决定趁着爸爸妈妈外出有事的时候，开始实现自己一个酝酿许久的"梦想"。这个梦想，就是制造老式的广播机。

正所谓不打无准备之仗，王晨之前就在网上查过很多资料，知道这种老式广播机，需要收音机中的扬声器。于是，他收集到了好多报废的收音机，然后全部卸开，拆掉扬声器，然后又拿两节干电池试了试哪个好使。

当扬声器发出了声音时，他找来了几根铜线，开始做连接。这时候，一个问题摆在了他的面前：该如何才能让它发声呢？

"电！一定要用电！"

想到这点之后，王晨就把导线插在了自己家的插销上，正当他幻想着自己的广播机能够发出声音的时候，一股什么东西烧焦的气味却钻进了他的鼻孔。

"糟糕！"王晨突然想到了什么，赶紧跑去拉断了电闸。就在这个时候，爸爸也正好推门进屋，目睹了眼前发生的一切。王晨心想，今天的这顿责骂是免不了了。

可是让王晨没有想到的是，爸爸一直到吃晚饭都没有说什么，而是在吃过晚饭之后才把王晨叫到身边，意味深长地说道："拆卸家电对你想象力的锻炼是非常大的，你能有这样的兴趣，爸爸非常高兴。可是前提是你一定要搞懂它的原理再付诸实践，明白吗？"

王晨重重地点了一下头。

在这之后，爸爸和王晨一起开始了老式广播机的制作，没用多久，这台老式广播机就发出了声音，王晨别提有多高兴了。

技巧

王晨这样的孩子，有几个家长不喜爱呢？所以，让孩子去拆卸家电，允许他做这样的游戏，他的想象力、动手能力才能得到迅速提升。

当然，这并不是说我们对孩子就不必约束。对于家电拆卸，一些问题父母还是要记得。

1. 让孩子做一些小家电的拆卸

对于孩子来说，当他们有了拆卸家电的兴趣之后，父母们要引导孩子在这个过程中提高他们的想象力，因此，在初期，拆卸家电只能作为一种途径，而不是目的。

电老虎是很可怕的，用法不当就可能会对自身造成危害，因此，父母不妨让孩子从一些小家电拆起，尽量避免孩子用电的情况，这样就可以规避好多可能出现的意外情况。

2. 教给孩子一些家电原理。

孩子对家电的原理通常来说都知之甚少，所以父母就应当对孩子进行必要的培训。首先，父母可以给孩子买些简单易学的家电维修的书籍供其阅读。

其次，父母可以结合实物，将自己知道的知识传授给他。例如，测电笔的使用，就要告诉孩子。让孩子在没有拆卸之前先用测电笔测一测，确定没有电了才可以进行拆卸，这就能大大降低他被"电老虎"伤害的几率。

与此同时，一些必要的维修工具的使用，如螺丝刀、胶带、钳子等，也要告诉孩子。并且，这些工具也应放到孩子能拿到的地方，这样他们才不会因为没有工具而冒险。

3. 父母也要做好"帮工"工作。

孩子拆卸家电，主要就是因为想象力和好奇心的吸引，他们通常缺乏条理性，所以当拆卸完成后发现无法再拼装回去。这个时候，父母这个"帮工"就应该发挥作用了，我们可以对孩子说："这没有关系，爸爸会和你一起把东西还原回去的！"甚至，我们不妨同孩子开玩笑地说："所有的天才都是从破坏开始的。"这样，孩子的想象力才不会因为我们的发怒而彻底消失。

带着孩子玩区域想象力游戏

关键词

区域想象力，想象力升级，想象生活，模拟代入。

指导

每个孩子的童年，都赋含无穷的幻想。

这句话，是一位教育学家的名言。

其实，看上去再普通的孩子，也都拥有让人惊讶的想象力。例如，他们会认为月亮公公每天晚上在看护自己睡觉，小白兔会说话，太阳公公会流汗等等，这都是想象力丰富的典型表现。

当然，想让孩子的想象力更加杰出，那么我们不妨引导孩子做一个新游戏——区域想象力游戏。

什么是区域想象力游戏？简而言之，就是让孩子在区域游戏的交流与分享中，扩展自己的想象空间，引出新的游戏亮点。同时，这个游戏并没有绝对的答案，它的结局是开放性的。因为，只有充满开放性的答案，才能帮助孩子自己设计、主导游戏，接触到许多未知领域。在这个过程中，他的想象力就会得到显著提升。

不要小看这样的游戏。事实上，游戏是培养儿童想象力的最好途径，儿童通过游戏对现实生活进行创造性的反映。

例如过家家，这就是非常典型的区域想象力游戏。在这个游戏中，孩子会学着大人的模样，幻想自己成为一家之主，应该有哪些举动。同时，他还会自己搜集各种材料，以此来符合自己的扮演身份。在这样简单的游戏过程中，大多数孩子的小嘴巴几乎无时无刻不在嘀咕着什么，想象着大人的样子。

这样的过程，会让孩子们的想象思维得到全面锻炼，从一名空想家逐渐变成实践家。当然，不仅是过家家，例如厨房等，也都是孩子进行区域想象力游戏的最佳场所。

案例

在一次家长会上，很多妈妈都在咨询优秀教师郭老师该如何培养孩子的想象力。这位老师没有直接回答，而是给诸位家长讲了这样一段经历：

郭老师曾经在班级里，举办过一个让孩子们模拟开汽车的小游戏。第一次实施该区域活动的时候，很多孩子直接从篓子里拿出自己喜欢的小汽车，然后随意在地面上驾驶。郭老师意识到，其实自己的方法没有错，但缺少了一些东西。

过了一段时间，郭老师又举办了这个活动。当她看到趴在地上自娱自乐的杨杨，于是说道："杨杨，我好像听见你手里的小汽车在哭呢！"

　　"真的吗？"杨杨把耳朵凑近翻斗车，然后仔细地听着。过了一会儿，他说道："老师，我感觉小汽车说不喜欢在地上跑！"

　　郭老师笑着说："那该怎么做，才能让它开心呢？"

　　一下子，好多小朋友围了过来，他们和杨杨一起开始叽叽喳喳了起来。"在造房子那里"、"它可以挖沙子，也许它喜欢沙堆！"

　　杨杨无奈地说："可是，我们这里没有沙子呀！"

　　"有的！咱们操场上就有！"说着，几个小朋友冲出了教室。不一会儿，他们用塑料桶装了一些沙子回来，让翻斗车在沙池里开一开。甚至其他种类的小车，也被孩子们放进沙堆，他们发现了不同材料路面的特点与区别，然后开始想象为什么会这样。

　　郭老师最后说："这样的游戏，很能提升孩子们的想象力，咱们家长也可以让孩子在家里做这样的游戏！"

技巧

　　看到郭老师的故事，身为父母的你，已经知道该怎么做了。也许，这个区域想象力活动不一定非常大型，只要能够让孩子可以全身心地进行角色扮演，那么这就是一次成功的区域游戏。

　　当然，在这个过程中，还有一些需要注意的事情。

1. 不要嘲笑孩子的幼稚。

　　孩子的认知能力有限，所以在游戏当中难免会出现小错误。但父母不要嘲笑他们，这样会打击幼儿游戏活动的积极性。例如，孩子在模拟护士给病人打针时，也许会不涂酒精就打针，这个时候父母不要训斥他们，而是应当用启发性的语言说："孩子别着急，想想看，你在打针的时候，护士是怎么做的？你是不是漏掉了什么环节？"这样一来，孩子就会主动进行联想，同时自尊心也不会被伤害。

2. 不必拘泥于家中。

随着孩子的年龄渐长，他们认识的事物越多，想象的范围就会越来越宽广。这个时候，我们的区域想象力游戏可以走出家门。我们不妨让孩子在街头尝试做一名小交通指挥员，或者到滑冰场和其他孩子们一起，想象自己正在参加奥运会滑冰决赛。总之，鼓励孩子根据自己的能力、兴趣，将想象力扩展到多个领域，玩出不同的花样，他的想象力就会得到提升。

3. 加入孩子的游戏。

事实上，孩子的区域想象力游戏，父母也可以参加。当然，父母并非要帮他们去做什么，而是可以去做一名"智慧老人"的角色。在必要的时候，父母可以提醒孩子，告诉孩子一些常识，融入孩子的快乐，这样他的游戏积极性就会更高，想象力的散发也会更加合理和规范。

信手之作，孩子的高端游戏方式

关键词

信手游戏，不经意间的创作，灵感的火花，
善待孩子的信手之作 = 鼓励孩子想象。

指导

我们形容某些人文笔优美的时候会这样说："信笔拈来，洋洋洒洒……"是的，信手之作总是那么随意自如，充满想象力，所以总能打动人。不光写作，喜欢画画的人也经常有信手之作，被称为信手涂鸦。不经意间的信手之作因为创作的念头自然、随意，因此比那些计划中的创作更具艺术魅力。

这是为何？因为信手之作并不是谁都可以为之，那些没有生活的积累、艺术的积淀、和不期而至的灵感的人，是很难有信手之作的，因此，能创作出信手之作的人都是想象力极为丰富的人。

所以，当孩子在信手创作时，父母们是否知道，这正是他提升想象力的游戏？

有的父母不了解孩子信手之作的难得，觉得这是孩子一时兴起，糊涂乱抹的作品，随意看一眼，揉一揉扔掉了，这对孩子的想象力和创作力是多大的打击和伤害。的确，孩子不过是在做一个游戏，可这个游戏却绝不简单：要知道，世界上多少传世的作品都是信手之作，毁了重来未必就能创作出比之更具艺术魅力的作品。

可以说，孩子的信手之作游戏，远比简单地搭积木要更高端！也许孩子刚开始的信手之作没有那么的完美，甚至有许多瑕疵，但这又有什么关系呢？因为在一次次的信手之作中，孩子的想象力都得到了锻炼和体现。

所以，善待孩子的信手之作游戏，就是珍视孩子的想象力。父母愿意做这样的刽子手吗？父母愿意把一个极富想象力的小天才毁在自己的手上吗？

案例

一位妈妈是一位画家，她经常在家中构思作画，她没有固定的工作时间，灵感来了就画，不管在任何时候，哪怕是正在吃饭，也会放下碗筷立刻到画板前画画。

这位妈妈的工作习惯、工作状态影响了她的孩子，家中各种各样、五颜六色的画作也给了女儿良好的熏陶，女儿经常学着妈妈的样子，随时随地画画，桌子上、墙壁上，哪怕看到一张纸她都会糊涂乱抹。

奶奶爱干净，总是纠正她这种行为："你想画画就搬个凳子好好画，不要走到哪儿画到哪儿。"

但女孩的妈妈却说："不要阻止她，她想什么时候画就什么时候画，随她去好了。"

奶奶说："怎么可以随她去，你看她，画的到处都是乱七八糟的。"

"呵呵！"女孩的妈妈说，"画画就是灵感来了就画，你让她一本正经地坐在那儿画，她还画不出来呢？她想画的时候正是她的想象力最为丰富的时候，这个时候千万不能打扰她。"

奶奶看着女孩画的画，说："这画的是什么啊？扔掉算了。"

妈妈连忙说："别扔，别扔，这可是宝贝。"

女孩的妈妈把女孩的每一幅画都收藏起来，有时还和女儿一起欣赏，一边欣赏一边夸奖："宝贝儿画的太棒了，简直就是一个小天才，妈妈把你的画挂起来。"

在妈妈的鼓励下，这位充满想象力的小天才画的越来越好，她的明天大有超越她的妈妈之势。

技巧

女孩的妈妈非常明智，她知道该如何对待孩子的涂鸦游戏，更知道该如何保护孩子的想象力，想象力总是和灵感的火花结伴而来，孩子的信手涂鸦都是孩子想象力的体现，善待它，就是鼓励孩子充满想象力的行为。

那么父母具体要怎样做，才是善待孩子的信手之作游戏呢？

1.鼓励孩子信手创作的行为。

善待孩子的信手之作，首先要鼓励孩子信手创作的行为，孩子想画的时候就让他画，想写的时候就让他写，不要用"作业还没做完呢，不许画！"或"时间太晚了，明天再写吧。"这种理由来阻止孩子，等到明天再去创作，他的想象力或许就飞走了。

2.给孩子一个游戏的环境。

信手之作需要一个适宜的环境。如果想画的时候、想写的时候没有合适的地方，孩子去哪儿创作？所以，家里常备一个画板、一些画笔和纸张，孩子想画的时候，随手就可以拿来画，也不至于画在桌子上、墙上。真要画在墙上，父母也不要大加指责，因为自由、宽松的创作环境也是孩子想象力得以实现的关键因素。

3.好好对待孩子的信手之作。

不管孩子画的好不好，像不像，写的文章动不动人，只要孩子画出来了、写出来了，父母都要好好对待他们的作品：把他们的画收藏起来，画的好的裱起来，挂在家里；写的文章保存在电脑里，也可以打印出来，装订起来，甚至鼓励孩子去投稿。父母的这些行为都是对孩子想象力的肯定和鼓励，孩子看到父母如此对待自己的信手之作，想象的动力和创作的欲望会更加强烈。

音乐游戏
——另类的想象力培养方式

关键词

音乐游戏，幻想，另类教育模式，好听悦耳。

指导

有太多的游戏，可以帮助孩子提升想象力。然而有一种游戏，却一直被人们所忽视，那就是——音乐游戏。

音乐与普通的游戏不同，音乐更具感染力，更具节奏感，所以几乎没有人不喜欢音乐。尤其是孩子们，他们的业余生活之一就是听音乐，无论国内还是国外，他们都会有几个让自己崇拜的歌星。

所以，音乐游戏，也是培养孩子想象力的一个关键渠道。那些生动形象、富有表情的音乐，尤其是一些描述性、模拟性的音乐，更是培养孩子想象力的好材料。

甚至，舞蹈也是培养孩子想象力的绝佳途径。著名教育学家约翰先生说过，想象力是不能与身体运动相分离的，一个善于舞蹈的孩子，一定是一个想象力丰富的孩子。因为，在音乐的配合下，孩子要想象一首歌的意境和内涵，让孩子感受音乐的运动与静止，绵长与断顿，从而带来的遐想和快乐。当他能够想象到这些时，自然就会通过舞蹈表达出来。

案例

陈女士是一名小学老师，在她看来，通过音乐游戏激发孩子的想象力，是非常有效果的活动。有一次，她在班里举办名叫"我给太阳装开关"的音乐游戏，要求孩子们通过对音乐的理解大胆想象，创编"我给××装开关"。

一开始，陈老师说出题目时，小朋友们都很高兴。天天第一个站了起来，说："我觉得音乐很温暖，最后特别温馨，所以我觉得名字应该叫'我给太阳装开关'！"

紧接着，小金站了起来，说："我觉得这个音乐好像分成了四个阶段，所以我觉得是'我给四季装开关'。"

"我给星星装开关！"

"我给数目装开关！"

在悠扬的音乐声中，孩子们一个个说出了自己的答案。陈老师很高兴，她意识到这样的音乐游戏，会引导孩子们主动创新与发现。并且他们的想象力都有理有据，真的让人很赞叹！

这次活动，让陈老师感到了音乐游戏的奇妙之处，于是她不久之后又举办了一次这样的活动。这次，她借助了投影设备，在幕布上是一片深蓝色的海洋，而背景则是充满爵士乐味道的音乐。她要让孩子们去想一想，大海是怎么样的。

一个孩子说："这段音乐好甜蜜呀！我觉得海底里有草莓，有我最喜欢吃的草莓！"

虽然，孩子的回答显得天马行空，但陈老师依旧很满足。她知道，这种想象力对于孩子是非常宝贵的！

不知不觉中，一堂课结束了，孩子们在乐此不疲中，拓展了自己的想象力。在经验交流会上，陈老师说："有幻想的音乐才是好音乐,有幻想的音乐活动才是好的音乐活动！所以，这样的活动，我还会继续办下去！"

技巧

很多人都说，音乐是有魔力的。的确，音乐看不见摸不到，却能给人带来诸多奇妙的感受：或是感动，或是兴奋，或是悲伤。而这些感受，正是想象力的功劳！

所以说，多让孩子参与这种音乐游戏，他的想象力自然水涨船高。

当然，想要做好这个游戏，父母也有很多注意事项。

1. 设计有新意、有价值的音乐游戏。

孩子年龄尚小，所以太过复杂的音乐，并不一定适合他们。对于孩子的音乐选择，一般来说要遵循好玩好听的特点。好玩，是指充满童趣；好听，是指旋律上口，风格鲜明，这样才能吸引孩子的注意力。

2. 多让孩子进行情景模拟。

让孩子感受音乐，绝不仅仅只是聆听这么简单。我们还要引导孩子学会表达音乐，进行情景模拟。

例如，当一段音乐里充满了各种小鸟的音效，那么我们不妨让孩子去想一想，这个音乐故事讲了什么。我们可以让孩子装扮成一只小鸟，也许他会和大树妈妈说话，也许会带着其他小鸟一起玩。而当音乐突然急促之时，不妨鼓励他幻想这是暴风雨来临的时刻。总之，让孩子融入音乐之中，那么他的想象力就会全面爆发！

3. 音乐类型要经常变换。

众所周知，孩子素来喜新厌旧，不喜欢一成不变的东西，所以对于音乐类型，我们也要经常做出调整。当孩子表现出疲倦之时，就说明他对这种音乐类型产生了一定的排斥。

更需要记得，音乐游戏虽然能大大激发孩子的想象力，但不宜过于频繁。因为，音乐游戏需要很大的精力，频繁的活动不免会让孩子有时产生疲劳感，从而厌倦这种游戏。通常来说，每个月 1~2 次为宜。

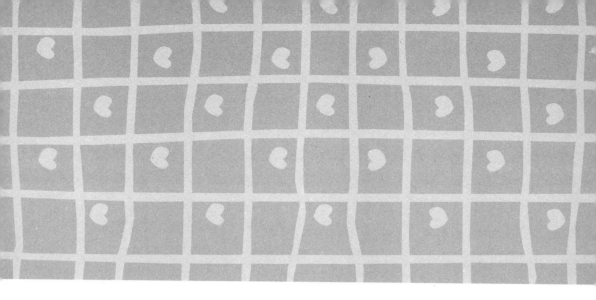

第七章
鼓励孩子实践自己的幻想

　　让孩子拥有过人的想象力，这是我们共同的目标；而在此基础上，让孩子借助想象去尝试，去动手，这才是提升想象力的终极目标！所以，我们要鼓励孩子去实践自己的幻想，让梦想照进现实！

让孩子通过好奇去实践，
通过实践获成功

关键词

学会循序渐进，学会观察，胜不骄败不馁。

指导

"鸟儿为什么会在天上飞？我们可以吗？"——人类由此发明了飞机。

"鱼儿为什么能在水中游？我们可以吗？"——人类由此发明了潜艇。

好奇心，是我们了解这个世界的重要动力来源。在好奇心的指引下，我们会得到重要的发现和意想不到的收获。而对于天真无邪的孩子来说，好奇心更是他们身上最显著的特质。在探索未来世界的道路上，好奇心能够帮助我们披荆斩棘。

　　然而可以肯定的是：仅凭好奇心，我们是没有办法取得成功的。现实经验告诉我们，任何一个成功的发明或科研成果，都无一例外地会经历好奇和实践两个阶段。

　　好奇心只是一种比较良好的心理状态，要想真正地有所收获，我们必须要在好奇心和现实之间架起一道关键的桥梁——实践。

　　唯有实践，孩子的想象力才能开花结果！

　　所以，我们不仅要培养孩子的想象力，更要培养孩子实践的能力，这是想象力培养的关键阶段。父母可以指引孩子们先去发现问题，然后再解决问题，在这个过程中，孩子们可以从中收获到很多有价值的东西，它们可以把我们带到成功的面前，到最后，当人们把最初的好奇和所学的知识结合在一起思考的时候，也就迎来了真理的到来。

　　有很多孩子都有着想象的天赋，但未必肯付诸实践。久而久之，他们变得不愿再幻想，因为空想不能给他带来任何快乐，空想不能让他享受到现实的愉悦。因此，父母就要帮助孩子走出那最关键的一步：避免只想不做。

　　当然，这个过程并不简单，甚至充满困难。但每个孩子都有着敢于挑战困难的基因，如果父母可以有选择地帮助孩子设立一些难题，反而可以帮助他们更快地成长。只有适应了那些小的挑战，在面对更大的挑战的时候，孩子们才能够面无惧色，从容不迫地把自己的想象力充分发挥出来。

案例

　　知心姐姐卢勤曾经讲过这样一个故事：

　　有一次我去参加一个电视节目，认识了两个中学生。一个男孩儿，一个女孩儿，他们告诉我一个情况，有一位生物学家告诉他们，中国有一种叫白头叶猴的濒危动物，现在全国仅存 200 多只。为了避免它们的灭绝，他们两个产生了一个梦想：从 2003 年开始利用这几年的寒暑假去跟踪调查白头叶猴。

当时，有人说："你们不能自己去啊！其实，你们想出来合适的方法，然后告诉相关专家，这不是更好吗？"

男孩笑了笑说："我们不可能只停留在幻想的基础上。即使我已经有了一些想法，但我需要通过实践，来检验我们的想法是否准确。"

就这样，两个孩子毅然走上了探索之路。在非常恶劣的自然环境下，到处都是不知名的虫子和一些野兽。他们每天睡觉之前都得先抖抖被子看里头有没有蛇，早上起来还要看看鞋子里面有没有蝎子。

白头叶猴很少出现，有一些老猎人一辈子都没看到过，所以他们的追踪行动也就非常辛苦。直到有一天他们实在是太辛苦了，那个女孩一屁股坐在地上，开始思考自己的行为。

突然，一种奇怪的感觉传了过来：她觉得腿上有东西在唰唰地爬，这时她才发现自己坐在蚂蚁窝上……类似于这样的事情还有很多，可是他们始终没有忘记最初的梦想：一定要研究出白头叶猴的生活习性！

于是两人就这样相互扶持，互相鼓励，3 年的寒暑假都在大森林里度过。最后，这两个孩子的论文最近在美国纽约的世界少年科学家大会上获得了一等奖。男孩今年进了清华大学，女孩进了北京大学。

技巧

从这个故事我们可以看得出来，如果没有这次探索之旅，他们永远不知道自己的想法是否准确，自己的梦想能否实现。这就是探索的意义。它比单纯的想象力更具现实意义。

每个孩子，都应该经历这样的过程，将想象变成实践。那么，父母们应该从哪些方面来帮助孩子呢?

1. 凡事都要循循渐进。

在引导孩子进行实践的时候，父母们切记不要急功近利。在刚开始的时候，可以给孩子多安排一些简单的事情，吸引他们的注意力，再安排一些稍有难度的事情，这样就可以引导孩子进行更深层次的思考，激发其真正的想象力。例如，帮孩子准备好小刀，告诉孩子一些注意事项，这都是非常有必要的。

2. 让孩子先学会观察。

俗话说，不打无准备之战，在引导孩子进行实践之前，我们首先要教会孩子潜心观察事物运行的规律，然后再让他去接受一系列的挑战。这样他在面对挑战的时候才能够更加的从容，也更容易投入其中，在最短的时间获得最大的回报。

与此同时，在挑战的过程中，父母还可以让孩子掌握一些解决问题的技巧，这样才更有助于他们想象力的开发，使我们的教育更有现实意义。

3. 胜不骄败不馁。

每个人的人生都不可能一帆风顺，因此，让孩子拥有正确的心态就显得非常重要。最初去解决难题的时候，我们不可避免地会遭遇失败，父母要教会孩子不骄不馁、宠辱不惊的人生态度，同时还要帮助孩子从失败中积累经验，避免在同一个地方跌倒两次。

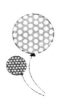

让想象变成小发明

关键词

鼓励孩子发明，提高孩子自主性，允许孩子犯错误，
为孩子喝彩，正确看待孩子的行为。

指导

很多时候，那些不经意间迸发出的想象力，却闪耀着智慧的火花！

两个镜片放在一起会发生什么样的情况呢？

热的气体有什么用途呢？

运动起来的导体能够产生电流吗？

就是这些当时看上去很奇怪的想象，却催生了一个个改变世界的发明的出现，天文望远镜、蒸汽机、发电机。这一切看上去都是多么的神奇啊！有的时候，发明就是这么简单：它可以是一次小的创意，可以是一次天马行空的想象，这些发明在古人看来也许是根本没有办法想象的事情，可是正是因为发明家那些丰富的想象，才会有了这一个个惊世之举。

对于孩子来说，他们正处于想象力旺盛的时期，而这些想象的背后，却极有可能是一个又一个的新发明。所以，当孩子的想象力一个个迸发之时，我们为什么不能帮助孩子将它化作小发明？孩子正处于思维能力活跃的阶段，只要稍加雕琢，就能够得到质的飞跃。

当然，单凭孩子个人的能力，也许发明是很难实现的。这时候，父母就应该积极地引导和启发，让孩子的想象更有可行性。这样一来，孩子不仅是一名"想象大师"，更有可能成为一名"发明家"！

案例

在一届中国发明协会颁发的专项奖中，获得金牌的是一项"双尖绣花针"的发明，而其发明者王帆，可以说是一个发明达人。在养成发明的习惯之后，每隔一段时间，他都要搞一些小发明、小创造。而且是屡获奖项。

有一次，王帆到他的姑姑家去玩，当时姑姑正在绣花，在好奇心的驱使之下，王帆就开始在旁边观察起来，这时候他发现，姑姑绣花的时候非常麻烦，需要两只手一直不停地合作，没过多久就需要休息一下手腕。

"为什么不能够用一根不需要翻手腕的针来代替现在用的绣针呢？"

王帆的心里突然有了这个想法，想到这里，他全身又充满了发明的动力，在请教了姑姑一些刺绣的专业知识之后，就专心地投入到研究之中。

经过反复的设想和实验，王帆终于从渔民用的网梭中得到了启发，发明出了"双尖绣花针"，这种针的优点在于根本不需要手腕来调整针头的方向，极大地减少了手部的动作。这样一来，不仅刺绣的速度和质量得到了提高，刺绣工人的劳动强度也在很大程度上得到了降低。王帆先让姑姑试用了一下，结果得到了姑姑很高的评价。

技巧

其实，王帆的姑姑，包括做这项工作的人，谁不愿意去解决这个的问题？可惜，他们没有去想象，该如何去改进；即使有了联想，却没有去尝试，结果只能继续事倍功半地劳动。

然而，一个十岁的孩子，却改变了这一切。他有想象力，更有发明的愿望和冲动，所以创造出了连大人也不敢想的事情。由此可见，每一个想象的背后都有可能蕴藏着一个非常伟大的发明。

每一个父母，都渴望自己的孩子能够像王帆一样，成为一名小发明家。那么，我们该如何督促他，让他既有丰富的想象力，又能成为一名发明家呢？

1. 鼓励孩子去发明。

"妈妈，积木房子为什么不可以盖成三角形呢？"

"爸爸，玩具车为什么不可以反着装呢？"

当孩子对父母说出这样一些奇怪的想法的时候，父母先不要急着一味地拒绝孩子，不妨多给他们一些鼓励，让他们去真正的尝试一下。如果行得通，孩子就会为自己的发明而充满成就感，从而进一步激发他们的想象力；如果试验失败，父母可以和孩子一起探究失败的原因，这对孩子来说，也是另一种意义上的提高。

2. 培养孩子的自主性。

父母在引导孩子进行发明创造的时候，一定要在最大程度上保证其原创性。刚开始的时候，父母可以指导孩子进行发明创造，入门之后，就需要鼓励孩子独立进行思考，充分发挥自己的想象力。例如，当孩子想要制作一只能烧水的纸水杯时，我们可以将一些浅显的道理告诉他，但具体如何去做、如何避免纸被烧坏，这些都要让孩子亲自去尝试。

只有父母在日常生活中，积极引导孩子养成这种独立思考的习惯，他们的想象力才能得到真正的提高。

3. 允许孩子犯错误。

因为年龄的限制，孩子所发明的东西有时候并不具备很强的实用性，在有的父母看来，孩子这是在"不务正业"，因此总是在第一时间予以阻止。

要想让孩子的想象力得到提高，父母们必须接纳孩子那些东拆拆，西卸卸的行为，看上去他们是在翻一堆破烂，却有可能是在变废为宝！

4.为孩子的每一次发明喝彩。

由于知识储备的不足，孩子的发明大多数情况下是比较简单的，可是即使如此，父母还是应该多多鼓励，不要因为是一些小发明就忽略了对孩子的夸赞，相反，从这些细节中，也是孩子最容易感受到父母关爱的时候，也是能够激发出他们想象力的动力源之一。

想象力也讲究举一反三

关键词

让孩子多想一点，让孩子来勾画世界。

指导

有了丰富的联想，又有了超强的思维能力，这对想象力的培养来说还是不够的。我们还需要掌握一种举一反三的能力。

就好比是创作一样，刚开始的时候我们可以去模仿一个人，但是最后我们一定要在借鉴别人经验的同时形成自己的特色，只有这样，你的作品才能得到别人的认可。这，就是一个举一反三的过程。

在《论语》里面有这样一句话："不愤不启，不悱不发，举一隅不以三隅反，则不复也。"其实，这就是古人对于举一反三的理解。在日常生活中，如果用这种方法去思考问题，我们可以得到很多新的东西。在培养孩子想象力的过程中，那些举一反三能力比较强的孩子，想象力也往往会更丰富一些。其实，父母在对孩子进行这方面的引导时可以从两方面做起：一种是教孩子从同类型的事物中学会联想；另一种是从相对立的事物中学会联想。例如，一个总是幻想着飞上月球的孩子，先是幻想自己设计宇宙飞船；为了实现这个计划，他会根据客观条件，联想到先设计一个能够帮助飞翔的东西；然后，他会根据风筝，设计出一对让自己飞翔的翅膀……也许，这一系列的进化联想，不一定能帮助他创造出伟大的发明，但一个简单的助飞器，就会由此诞生！

这样的孩子，你不喜欢吗？

案例

在一次行动中，一个南极探险队接到了一个非常艰巨的任务：他们要把船上的汽油输送到基地。

历尽千险，排除万难。当他们的破冰船到达基地旁边的时候，却发现带来的输油管道太短了！可是他们送的可是基地一个冬天要用的油，可以说是救命油！

面对这个突发情况，大家的心里别提有多着急了，探险队长更是如热锅上的蚂蚁，脑子也在飞快地运转着，思考着解决问题的办法。这时候，他突然看到了地上结的冰块，突发奇想："为什么不用冰做管子呢？"

原来，在南极那种低温的天气下，到处都是冰，队长觉得，可以用绷带缠在铁管子上，在上面浇水，待水结成冰后，再把铁管抽出来，冰管子不就做成了吗？

心里面有了这个想法之后，他马上进行了实验，果然获得了成功。

就这样，依靠着想象力，依靠着举一反三的能力，他们把冻了一节又一节的冰管子接成了输油管道，在条件如此艰苦的南极冰地解决了输油的问题。

技巧

正如例子中由铁管联想到冰管，进而解决了输油问题一样，联想是非常具有延展性的。看似风马牛不相及的事物，只要了解了它们的内在联系并且举一反三，触类旁通，就可以把那些看似不相关的事物联系起来。

一个会运用联想思维的人，他能够把那些看似琐碎的事情联系在一起，就像是一根美丽的丝线穿珠串。善于运用联想思维，一条美丽的链子也就做出来了。那么，父母应该从哪些方面来训练孩子举一反三的能力呢？

1. 让孩子"多想"一点。

对于孩子来说，举一反三的能力并非一朝一夕就能养成的，但是又必须在平常多下功夫。在这方面，父母的引导作用是非常重要的。

比如说父母可以经常和孩子玩一种联想游戏：随意拿出家里面的一件物品，然后父母和孩子接力说出和其形状相似的物品，说的最多者获胜。在这种氛围之中，既可以提高孩子的兴趣，举一反三的能力也可以在很大程度上得到提高。

2. 让孩子来勾画世界。

在培养孩子想象力方面，父母们也可以把地图拿来为我所用。可以引导孩子用一些特殊的符号将各种自然景观或社会经济现象浓缩在一张图上。

父母可以和孩子一起，在地图上，从一个地方"游历"到另一个地方。每一处发现都意味着加深了对地球面貌的认识，再加上那些名字，就构成了我们丰富的联想资料。这样的联想，可以帮助孩子加深记忆，拓展想象力的空间。

立即行动，让创意变成现实

关键词

既要有速度，又要有质量，父母应起好监督作用，效率。

指导

有一句话说得好：时间就是金钱，时间就是生命。

在当今如此激烈的竞争氛围下，只有动作快的人才能抓住机会，获得成功。一个动作缓慢，缺乏激情的人早晚会被社会淘汰的。只有目标没有实际采取行动的人更惨，当他还在起跑点犹豫的时候，别人很可能已经在终点庆祝胜利了。

孩子的想象力也是这样，如果有个新的创意，那么就应该马上去尝试，如果一直不付诸实施，也就失去了创新的意义。因为，孩子的特点就是"喜新厌旧"，长久地不去实践，那么势必会导致他无法提起兴趣。久而久之，他就再也没有去实践的动力了。

所以说，父母应该时刻提醒孩子，有想法就要去实践，而且不能够拖延，真正动手要比在那里空想学到的东西更多，而且更深刻。

当然，简单的语言督促，是不能起到效果的。要明白，孩子是很容易模仿家长的，你是一名勤快的父母吗？当有创意的时候，也许他会想到你的"拖延症"，这样就可能会因为懒惰而一拖再拖。

因此，父母的榜样效力，在这个时候起到了关键的作用。在自己能够及时行动的榜样示范下，督促孩子把每天要做的事情做好，培养他们坚韧的毅力，这样孩子才不会成为"思维上的巨人，行动上的矮子"。

案例

鲁迅是我国著名的文学家，他在世的时候，每天都要看书读报，参加一些有意义的社会活动，还要伏案写作，工作排得满满的，用"日理万机"来形容一点都不为过。

有一些人，这样来评价鲁迅先生："鲁迅先生简直就是天才！他的想象力太丰富了，随时都能创作，这是咱们比不了的！"

面对这样的评价，鲁迅先生笑了笑。其实，并非是鲁迅的想象力有多优越，而是因为他始终有这样一个习惯：立刻行动，绝不把此时的想法，留到很久以后再实现。他信奉"今日事，今日毕"这一信条，把一天的工作按"轻、重、缓、急"理出个头绪。急事先办；重要的事情集中精力去完成。然后，腾出时间干别的事情。他信守："今天能够忙完的事情，绝不放到第二天去做。"

在他看来，时间就像海绵里的水，只要用力挤，总会有的。他还说过："我只是把别人喝咖啡的时间用在写作上罢了。"

这句话，正是想象力与成功之间最佳的关系。

技巧

关于时间的概念，郭沫若曾经提出过"三比喻"：时间就是生命，时间就是速度，时间就是力量。富兰克林也说过："你热爱生命吗？那么，别浪费时间，因为时间是组成生命的材料。"

所以，如果想让孩子成为一名"发明家"，那么，就应该杜绝他的"拖延症"。

1. 讲究效率，又要讲究质量。

有一些道理，是必须告诉孩子的：无论做什么事情，我们都应该认真对待，千万不可草率应对，敷衍了事，否则，造成返工，不但得不偿失，对孩子的自信也会有一定的影响。"今日事，今日毕"，要养成习惯，习惯成自然，就不会成为负担了；"今日事，今日毕"，一定要有坚持的毅力。这样，孩子才不会被拖拖拉拉所耽误。

2. 父母监督孩子。

想要让孩子学会立刻实践自己的想象，这离不开父母的监督。当听到孩子说："我好想亲手制作一架可以水陆两用的飞机啊！"这时候父母就应该要求他立刻去做。当然，我们的语气要有所注意："哇，孩子你真棒！那么就请你赶紧画一幅设计图吧，我实在太想看了！"这远比"你马上去做！"要更有效果。

3. 让孩子制定计划表。

为了避免孩子拖拉的毛病，父母不妨让孩子制定一份计划表，尤其是对于一些大的发明创造构思。第一天，需要做完哪些步骤；第二天，需要购买哪些材料；第几天，这项发明会结束……当有了一个规范的限制后，孩子自然就不会拖拖拉拉，而是按照时间规定，实现自己的想法。

让想象力变成创造的习惯

关键词

父母的监督和引导，全方位的社会体验。

指导

凡事只有养成习惯，我们做起来的时候就会更加顺畅。

在一次社会实践课上，老师提供了尺子、铅笔和橡皮擦三件东西，让大家自由组合，看看可以做成什么。

有的小朋友用这些东西摆出了一个字母"H"；有的小朋友组合成了一个亭子；还有的小朋友把三者结合起来组成了一个滑轮……

看完孩子们的这些创意，你可能会觉得这没有什么，甚至可能你会说：这我也能想到啊！可是，我不愿意去做……

这就是为什么你不是一名想象力大师的关键！用一个词来形容，那就是——空想家。空想家空有一个灵活的大脑，却从来不愿创造；空想家总是指责别人的想法，却没有看到他人已经一步步创造出了自己的天空……

所以，当看到孩子有了想象就会行动之时，我们要做的不是嘲笑，而是应当鼓励。这正是孩子从想象力高手向想象力大师过渡的关键。

还有的父母甚至会觉得：有这些时间，倒不如把精力放在学习上面，继而去阻止孩子这样做。殊不知，孩子的想象力和创造力就是在这个过程中被扼杀的。因此，帮助孩子把创意养成一种习惯，这不是给父母的一个建议，而是一项义务！只有养成了创造的好习惯，孩子的想象力才会有更加广阔的发展空间，他们才会更加习惯去运用自己的想象力来创造一些东西，从而开创出自己的一片天空。

案例

妈妈最近发现，小文对家里的旧报纸越来越感兴趣了。

这一天放学之后，小文又开始在自己家的储藏室淘起"宝"来，翻出来很多旧报纸。

"小文，你用这些旧报纸做什么？"妈妈问道。

"我们班正在举行一个变废为宝的活动，我想用旧报纸来搞一个发明。"小文回答。

"那么，你决定用旧报纸做一个什么东西呢？"

小文想了一下回答道："我看到医院护士阿姨戴的帽子既美观又实用，我想用旧报纸也做一个，在家打扫卫生的时候，我们就可以戴上，这样就可以避免灰尘落在头发上了。"

妈妈听了以后，很高兴小文有这样的奇思妙想，于是也帮她找起了旧报纸。

经过反复的尝试，小文做出的"护士"牌家用清洁帽很快研制成功了，而且在班级的活动中获得了优秀奖。

活动结束后，妈妈想着小文肯定要把那些旧报纸给收起来了，可是小文却没有这么做，而是全身心地投入到了发明当中，用废报纸做出了储物箱、垃圾桶、简易式抽屉……对于小文来说，发明已经变成了她的一种习惯。

技巧

这样的孩子，的确是有创造力的孩子，是令人惊叹的孩子！

不可否认，与这个孩子相比，很多孩子的创意也许并没有什么动机，他们只是自然地想要去那样做，习惯了要那样做。但不管他们的出发点是什么，他们所表现出来的创意，是他们思维活跃的表现，这证明了他们很有创造的潜力。所以，身为父母的我们，就应当帮助孩子保持这个习惯！

具体而言，要培养孩子这样的好习惯，父母需要做到以下几点。

1. 父母的引导和监督必不可少

孩子进行发明创造的过程，也是他们挑战自我的过程。有很多孩子也许偶尔会有一些想象力和发明的欲望，可是他们未免就因此而养成发明习惯，这个时候，父母一定要用正确的方式来加以引导。

比如说，当孩子的发明因为一时的失败而灰心丧气的时候，父母在这个时候就应该给予充分的鼓励，帮助孩子找到问题，解决问题；当孩子发明了一些东西就失去兴趣之后，父母可以利用设置一些发明奖项的方式来帮助孩子提高发明的热情度。

2. 全方位地体验社会。

在生活中的很多细节中，其实都蕴育着发明的种子。就像案例中的小文一样，看到护士戴的帽子之后就想到了利用旧报纸也做一项这样的帽子，由此可见，只要我们细心观察，认真思考，很多小发明都是信手拈来的事情。

在提升孩子想象力的过程中，父母要让孩子多接触社会，从社会中获取灵感，只要他们增长了见识，社会阅历丰富起来，他们自然就会有一些多元化的想法和与众不同的创意。这个时候，父母再引导他们积极实践起来，在这个过程中，孩子的发明习惯也就逐渐养成了。

别放过任何一个细微的灵感

关键词

练就一双发现灵感的慧眼，顺着自己的灵感继续想象。

指导

灵感就像是一个非常调皮的孩子，我们总是没有办法确定它会在什么时候出现，又在什么时候离开，甚至有时候它会伪装起来，让我们无从辨识。

然而事实证明，那些善于捕捉灵感的人，往往是一些成功人士：伟大的发明家爱迪生、文学巨匠巴尔扎克、生物学家坎农……他们从那些细微的灵感背后，探索出了一个又一个我们未知的事物。

其实，只要平时多注意观察孩子，你就可以发现孩子的身边往往闪烁着更多的灵感。

虽然从表面看上去，很多灵感都像是异想天开的事情：我们怎样就可以登上月球？房子怎样造就可以下窄上宽呢？尤其是对于孩子来说，更容易提出那些不切实际的想象。可是父母们也应该知道，那些及时捕捉到这些信息的人，都用事实告诉了我们为什么。如果你没有一双慧眼，抛弃了那些珍贵的灵感，那么，灵感也会抛弃我们。

因此，不要放过孩子身边每一个细微的灵感。

因为灵感的到来往往都是转瞬即逝的，父母可以引导孩子把这乍现灵光用笔和纸记录下来，这是捕捉灵感最原始的方法，而且也是大家公认的好方法。很多伟大的科学家都有随身携带笔和纸的好习惯，以便及时记录下来那些非常宝贵的灵感。

只有做好了捕捉灵感的一切准备，我们才能更好地利用自己的灵感。

案例

谁都没有想到，促使神经学向前跨一大步的"神经冲动的化学传递"的发现，竟然是奥地利生物学家洛伊从梦中发现的。

有一天晚上，洛伊在梦中好像突然想到了什么，于是在迷迷糊糊中随手抓起了床边的一张纸写了一些东西，因为太过困乏，没过多久，他就再次进入了梦乡。

当他醒来的时候，隐隐约约感到昨天晚上发生了什么重要的事情。

"到底是什么事情呢？"洛伊问起了自己。

这时候，他突然发现了床边的一个纸条，上面密密麻麻地写了一些东西，只能辨识出来一些字母。洛伊拿着字条反复看了几遍，终于想到：这上面写的是一个实验的设计方案！

事不宜迟，洛伊赶紧跑到实验室，根据字条的指示做起了实验。结果证实：神经冲动确实可以进行化学传递！

一直以来，洛伊都非常感激自己在那个夜晚所用到的纸条，正是因为善于捕捉灵感，洛伊才有了这项让世人瞩目的发现！

技巧

洛伊的故事，毫无疑问地证明了灵感思维的重要性，更证明了把握这份想象力的重要性。那么，父母应该怎样引导孩子捕捉自己想象力所引发出来的灵感呢？

1. 练就一双发现灵感的慧眼。

去伪存真，除虚求实，这些都是我们认知社会所要练就的一些基本能力。对于灵感的捕捉来说，这种能力的培养更显得尤为重要。

对于父母来说，更应该成为孩子灵感的发现者和挖掘者，不要轻易地去否定他们的想法，让孩子多体验生活，积累更多的实践经验，要让他们敢于去"想"，也只有这样，孩子的灵感之源才会真正打开。

2. 让孩子顺着自己的灵感继续想象。

凡事都不可浅尝辄止，在引导提升孩子想象力方面，更不能够这样做。

在孩子迸发出一些奇特的灵感的时候，父母的引导作用尤其重要，不妨提醒孩子用心钻研，学会透过现象看本质，只有这样，我们才能从灵感的火花背后挖掘出更多的发现。

例如，看到孩子总是盯着水面，我们不妨问他："孩子，为什么水面会有波澜呢？你能不能去想一想，告诉我三个答案？妈妈实在是不知道，所以有求于你！"

3. 让孩子学会记录灵感。

灵感不仅要能迸发，更要能够及时记录下来，否则片刻之后也许就会遗忘。因此，父母就应该要求孩子，一旦有了灵感就要立刻记录，拿起手边的笔纸。当然，随着电子信息时代的来临，让孩子通过手机、电脑等记录下自己的灵感，这同样都是值得推荐的方法。

巧用想象力，让孩子变得懂条理

关键词

利用想象力来暗示，父母提高想象力，让孩子更有条理化。

指导

想象力的巨大作用，不仅在于帮助孩子对那些未知领域的探索。从另一个方面来说，它甚至还可以帮助孩子懂得条理，懂得搞好自己的生活。

现实中，不少父母都有这样的发现：孩子最不喜欢做的一件事，就是收拾屋子。每次他们做完游戏之后，屋子里都会变得一团糟，可是他们似乎都能够心安理得地走开，而没想过要打扫一番。时间久了，他们在这种混乱的状态下反而习惯了，也就变成了理所当然的事情。

孩子的这种状态，相信哪个父母看见后都会感到不乐意的。于是乎父母总会一遍遍地提醒他："别忘了收拾屋子！"可是，孩子们似乎都是左耳进右耳出，依旧我行我素，毫不在乎卧室的凌乱，让父母也变得很无语。

其实面对这样的孩子，也并不是完全没有办法去应对，利用孩子的想象力来引导孩子就是一种非常好用的办法。

有一位母亲曾经讲了这样的一个故事：她的孩子每次看完书之后都会把书放在床头，从来都不知道要放回书柜里。多次说教没有效果之后，这位母亲想到了一个好办法：她在书柜里贴上漂亮的动物贴画，而且在下面铺上了一层厚厚的垫子，之后孩子慢慢学会把书放回书柜了。爸爸很好奇，就问孩子为什么会这么做，孩子说道："白雪公主喜欢睡软软的床，并且还要有小动物们陪伴。"

这种想象力引导生活模式的方式，不正是一种想象力照进现实的好办法吗？

案例

丁丁非常喜欢玩搭积木的游戏，一盒普通的积木在他手里，一会儿就是个城堡，一会儿又摆出一长列火车。可是他有一个非常不好的习惯，那就是他不喜欢把积木摆回盒子里，经常屋里的每个角落都是他的积木，每次都要妈妈一块一块地捡回去。

因为他的这个坏习惯，妈妈总是对丁丁说："下一次一定要自己摆回去！"

"知道啦！"丁丁每次都是如此答道，可是依旧没有丝毫的改变。

这天，丁丁又开始拿积木玩，他一边摆，一边对妈妈说："妈妈，看我摆的城堡，还有芭蕾舞姑娘呢！"说着，就给妈妈演示起了这是什么，那是什么。

这个时候爸爸突然在餐厅喊吃饭，丁丁听到以后，站起来就向餐厅跑去。

还没等妈妈喊出口，丁丁就已经跑得没影了。

妈妈见丁丁又是这样，于是拿起笔，在纸上写了"废品收购站"这几个字，然后贴在丁丁卧室的墙上。

吃完饭后，丁丁回到房间，没过多久，就把妈妈喊到了房间，指着墙上的字条问妈妈是怎么一回事。

"你看墙角堆了这么多破烂，床上还有那么多破书，和一个废品收购站没有什么两样啊！"

"那不是废品，那是积木！"说着，丁丁就拿着装积木的盒子收拾了起来。妈妈看着丁丁认真地把积木往盒子里摆，不禁露出了欣慰的一笑。

技巧

因为丁丁不喜欢收拾屋子，妈妈就顺水推舟贴了张"废品收购站"的字条，这就是要告诉他：你不是说这些是你的宝贝么？那为什么还要像废品一样的去乱放它们？当丁丁明白了妈妈的这个想象暗示，他就会感到环境确实太乱，他就会主动把屋子收拾干净了。

1. **父母要学会的暗示。**

无论是字条还是动物贴画，这一切都属于父母的行为暗示。这种方式是非常生动活泼的，只要孩子发挥一下自己的想象力，孩子就能立刻体会到：原来只有这么做，我的小宝贝们才能感到舒服呀！这样不用父母说太多的话，就能让孩子学会收拾房间。

2. **父母也要提升自己的想象力。**

对待孩子凌乱不堪的房间，父母可以尽可能地发挥自己的想象力，尽可能用比较生动的事物来暗示孩子应该保持屋内的整洁。例如在孩子的面前，当我们说起工作难度比较大时，不妨这样说："哎，真是一场大战役啊！下周，我会有周二战役，要将孙经理的战壕攻下；周五，则是最后的总会战，爸爸要一个人挑战四个人，他们可都是武林高手！儿子，你给爸爸加油吧!"

相信，当父母有了这样的想象力时，孩子的想象力又怎会差？那个时候，他必然如父母一般，利用想象力来观察自己的生活！